WILEY

船舶与海洋工程翻译出版计划

From Prognostics and Health Systems Management to Predictive Maintenance 1
Monitoring and Prognostics

设备预测性维修1：
健康监测和寿命预测

〔法〕拉斐尔·古里沃（Rafael Gouriveau）
〔法〕卡尔马·梅德雅赫（Kalmal Medjaher） 著
〔法〕努里丁·泽尔胡尼（Noureddine Zerhouni）

王　航　夏庚磊　彭敏俊　译

哈尔滨工程大学出版社
Harbin Engineering University Press

黑版贸登字 08-2022-007

First published in English under the title
From Prognostics and Health Systems Management to Predictive Maintenance 1: Monitoring and Prognostics (9781848219373/1848219377) by Rafael Gouriveau, Kamal Medjaher and Noureddine Zerhouni
Copyright © ISTE Ltd 2016
    All Rights Reserved. This translation published under license. Authorized translation from the English language edition, Published by John Wiley & Sons to Harbin Engineering University Press. No part of this book may be reproduced in any form without the written permission of the original copyrights holder Copies of this book sold without a Wiley sticker on the cover are unauthorized and illegal.

本书中文简体专有翻译出版权由 John Wiley & Sons, Inc. 公司授予哈尔滨工程大学出版社。未经许可，不得以任何手段和形式复制或抄袭本书内容。本书封底贴有 Wiley 防伪标签，无标签者不得销售。

图书在版编目(CIP)数据

设备预测性维修. 1，健康监测和寿命预测 /（法）拉斐尔·古里沃（Rafael Gouriveau），（法）卡尔马·梅德雅赫（Kalmal Medjaher），（法）努里丁·泽尔胡尼（Noureddine Zerhouni）著；王航，夏庚磊，彭敏俊译 . —哈尔滨：哈尔滨工程大学出版社，2023.7
    书名原文：From Prognostics and Health Systems Management to Predictive Maintenance 1: Monitoring and Prognostics
    ISBN 978-7-5661-3529-2

Ⅰ.①设… Ⅱ.①拉…②卡…③努…④王…⑤夏…⑥彭… Ⅲ.①系统工程-故障诊断 Ⅳ.①N945

中国版本图书馆 CIP 数据核字（2022）第 096685 号

设备预测性维修 1：健康监测和寿命预测
SHEBEI YUCEXING WEIXIU 1: JIANKANG JIANCE HE SHOUMING YUCE

选题策划　石　岭
责任编辑　张　昕
封面设计　李海波

出版发行　哈尔滨工程大学出版社
社　　址　哈尔滨市南岗区南通大街 145 号
邮政编码　150001
发行电话　0451-82519328
传　　真　0451-82519699
经　　销　新华书店
印　　刷　哈尔滨市石桥印务有限公司
开　　本　787 mm×1 092 mm　1/16
印　　张　8.75
字　　数　205 千字
版　　次　2023 年 7 月第 1 版
印　　次　2023 年 7 月第 1 次印刷
定　　价　68.00 元

http://www.hrbeupress.com
E-mail:heupress@hrbeu.edu.cn

序

当今社会飞速发展,美国提出了"工业互联网",德国提出了"工业 4.0",我国提出了"中国制造 2025",并正在逐步迈入以信息化和智能化为主要特征的"第三次工业革命"。故障预测和健康管理(PHM)技术就是在这一时代背景下的新兴研究方向。

故障预测和健康管理技术是一项涵盖传感与测量、信号处理、状态监测、诊断、预测及智能决策等内容的综合保障技术;结合测量信号评估设备的运行状态,诊断、分析早期的故障原因,进一步估计设备的剩余使用寿命;在此基础上,结合维修资源和人力条件进行维修决策与优化设计,实现"治未病"。目前,美国、德国针对航空航天等领域先后开发了故障预测和健康管理系统,实际应用表明可以降低运行成本 20% 以上,经济效益明显。我国在故障预测和健康管理技术方面的研究相对滞后,目前仅在航空航天等领域实现了初步应用,因此很有必要针对故障预测和健康管理技术进行深入研究。

随着"中国制造 2025"的提出,工业互联网、人工智能和大数据等先进技术都是近年来迅猛发展的技术领域,而故障预测和健康管理技术可以与上述技术进行深度融合,进一步提高设备故障预测和健康管理的准确性。本译著正是基于这一发展现状的产物。本书重点介绍了故障预测和健康管理的基本思想、技术架构、数据获取、数据预处理与特征提取,基于数据驱动的故障预测和基于模型驱动的故障预测技术以及相关优势和挑战。健康管理和基于状态维修的核心问题是如何实现高效的特征提取和预测分析,因此本书重点分析了寿命预测的相关基本理论、算法流程和实现方案。本书由浅入深,是故障预测和健康管理领域较为系统化的学术书籍,对相关从业人员理解基本理论和方法体系大有裨益。

当然,本书仍有诸多未解决的关键科学问题,部分理论和方法还需要进一步丰富完善,因此迫切需要相关专家学者深入研究并给出指导性意见,并希望研究人员共同努力,发挥集体智慧,攻克故障预测和健康管理技术领域的科学难题,为我国工业设备的精确化管理、精准化施策提供技术支持。

2023 年 4 月于哈尔滨工程大学

译 者 前 言

故障预测和健康管理(PHM)技术是一种新的工程方法,也是实现"预测性维修"需要解决的关键科学问题,该技术融合了传感技术、现代统计、可靠性工程、故障诊断、机器学习等多个学科,能够在实际运行条件下对系统的实时健康状态进行评估,并根据最新的观测信息预测系统的未来状态。虽然PHM技术起源于航空航天工业,但现在它在核工业、制造业、铁路和重工业等许多领域都有应用。该技术能够实现精准化运行维护管理,可以降低设备的故障率,避免意外停机,同时可以减少维修费用,提高经济性。

PHM技术的瓶颈问题是如何感知设备的运行状态、分析设备的早期故障原因,并在此基础上预知元件和设备的剩余使用寿命,从而基于寿命分布调配相关资源。因此,本书是从故障预测和健康管理到预测性维修的第一部分,在阐述PHM的基本概念和内涵阐述基础上,重点对如何进行设备的特征提取、早期故障诊断和剩余使用寿命预测进行论述,并通过理论分析、典型实例验证、分析讨论等方式对相关方法进行详细讲解。

本书由王航、夏庚磊、彭敏俊译。研究生徐仁义、邓强、王晓昆等为本书的翻译及其中的案例验证做了大量的工作,在此表示感谢。希望本书的出版能够为学习、设计、研发、管理工程系统设备的研究生、工程技术人员提供借鉴。

本书的版权引进、出版得到了哈尔滨工程大学出版社的大力支持,在此一并表示感谢。

作为译者,我希望自己的努力可以为预测性维修技术在核工业以及其他大型系统和设备运行场景中的普及起到正面且积极的推动作用,希望读者可以从本书中有所收获。本书在翻译上力求忠实原著,尽全力保证专业词汇的准确表达。但是对于一些专业术语的译法难免存在偏颇,若有术语处理不当之处甚至是对相关技术方法的理解和阐述不明确之处,请广大读者批评指正。

联系方式:heuwanghang@hrbeu.edu.cn.

译 者
2023年3月于哈尔滨

目　　录

第0章　绪论 ………………………………………………………………………… 1

  0.1　技术－社会－经济问题的强化 ……………………………………………… 1

  0.2　一个话题的出现:PHM ………………………………………………………… 1

  0.3　本书的目的 …………………………………………………………………… 2

第1章　PHM 和预测性维修 ……………………………………………………… 4

  1.1　预期维修和预测 ……………………………………………………………… 4

  1.2　剩余使用寿命的预测和评估 ………………………………………………… 7

  1.3　从数据到决策:PHM 流程 …………………………………………………… 10

  1.4　本书的范围 …………………………………………………………………… 12

第2章　数据获取:从系统到数据 ……………………………………………… 13

  2.1　概述 …………………………………………………………………………… 13

  2.2　关键元件和物理参数 ………………………………………………………… 14

  2.3　数据采集和存储 ……………………………………………………………… 17

  2.4　案例分析:轴承的 PHM 分析 ………………………………………………… 20

  2.5　本章小结 ……………………………………………………………………… 25

第3章　数据处理:从数据到健康指标 ………………………………………… 26

  3.1　概述 …………………………………………………………………………… 26

  3.2　特征提取 ……………………………………………………………………… 27

  3.3　特征降维/选取 ………………………………………………………………… 37

  3.4　健康指标的构建 ……………………………………………………………… 48

  3.5　本章小结 ……………………………………………………………………… 51

第4章　健康状态评估,剩余使用寿命预测——第一部分 ………………… 52

  4.1　概述 …………………………………………………………………………… 52

  4.2　利用神经网络进行特征预测 ………………………………………………… 53

	4.3	状态识别与 RUL 评估 ···	68
	4.4	应用和讨论 ···	75
	4.5	本章小结 ···	80
第 5 章	健康状态评估,剩余使用寿命预测——第二部分 ····················		81
	5.1	概述 ···	81
	5.2	健康状态的建模和评估 ··	82
	5.3	行为预测与 RUL 评估 ···	91
	5.4	应用和讨论 ···	95
	5.5	本章小结 ···	100
第 6 章	总结与展望 ··		102
	6.1	总结 ···	102
	6.2	展望 ···	103
参考文献	···		106
索引	···		129

第0章 绪　　论

0.1　技术-社会-经济问题的强化

现在的可靠性、可用性、可维护性和安全性服务广泛应用于科学研究和工程分析。事实上,工业维修似乎是科学发展的源泉和目标,而这体现在合作完成的"工业研究"以及大系统工程上。在工业维修方面,传统的预防性和纠正性维修的概念虽然相对成熟,但是没有充分地考虑故障机理[HES 08,MUL 08b];工业界倾向于加强它们的预测能力,从而在设备失效时尽可能采取相对正确的预防措施,以达到降低成本和风险的目标。因此,故障预测和健康管理(PHM)系统的实施扮演着越来越重要的角色,而预测过程也被认为是当今全球绩效研究的主要杠杆之一。

首先,关键要素的失效预测可以预知行业风险,从而保证人员和物资的安全。

其次,预测系统能够确保服务的连续性,从而提高其质量。

再次,从环境角度来看,工业预测系统符合可持续发展原则:它增加了工业系统的可用性,延长了工业系统的生命周期。

最后,实现预测性维修需要资质,有助于技术维修人员的发展。

0.2　一个话题的出现:PHM

基于工业界中遇到的现实问题,科学界对故障预测和PHM也越来越关注。当前多个实验室对此感兴趣[如美国航空航天局(NASA)、亚特兰大大学、美国陆军研究实验室、加拿大多伦多大学、香港大学等],同时每年有四个关于PHM的顶级会议,其中两个会议是由电气与电子工程师协会(IEEE)可靠分会支持的。这表明人们对这一主题的认识在不断增强,而且对这一领域的研究增长迅速(图0.1)。

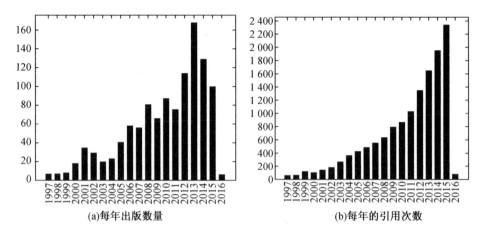

(a)每年出版数量   (b)每年的引用次数

图 0.1 以 PHM 为主题的出版物数量分布

(Web of Sciences, 2016 年 2 月)

0.3 本书的目的

除了需求牵引这一因素外,PHM 解决方案是可靠性、状态监测和维护工程方法和技术进化的结果,而本书正适合这一背景。我们的目标是解释 PHM 的内涵和框架,展示它如何完成传统的维护工作、找到潜在问题,以及预测实施 PHM 后能得到的好处。本书在最后给出了当前我们要考虑的主要问题和挑战。本书的结构如下:

第 1 章为 PHM 和预测性维修,介绍了 PHM 的一般流程。在这里,本书强调以更主动的方式考虑故障机制,并描述维护服务的相关挑战;随后介绍了 PHM 活动,更具体地说,是其背后的预测原理和过程。本章定义了实现 PHM 方法所必需的一套连贯的处理方法;这些不同的方法将在后面几个章节中展开阐述。

第 2 章为数据获取:从系统到数据。为了部署 PHM,必须能够观察所分析系统的行为。为此,本章提出相关方法来生成代表关键部件退化机制的监测数据。

第 3 章为数据处理:从数据到健康指标。从系统中获得的原始数据(第 2 章)通常需要进行预处理,以便提取和选择健康指标。在此基础上,随着时间的推移,其功能状态得以揭示。本章描述了创建运行状态指标的常用方法。

第 4 章和第 5 章重点讨论了用于评估健康状态和系统行为预测的模型和/或方法。本部分内容描述了如何利用前面步骤中产生的信息来预测剩余寿命,并将其与置信度联系起来。本书还展示了不同的操作条件、任务条件以及瞬态过程中的物理机理如何影响健康状态建模和随后的性能。

第 6 章为总结与展望。本章对 PHM 活动的成熟度进行了反思,并提出了批判性的观点。我们开启了一场讨论,一方面讨论国际环境中仍然存在的问题,另一方面讨论源自这些问题的决策过程。后一个方面是《从 PHM 概念到预测性维修 2:知识、可追溯性和决策》一书的主题,本书讨论了有关维修决策过程以及更广泛的产品/设备生命周期管理:收集到的数据被追踪并转化为经验知识,以支持有关设备维护、重新设计或回收的决策。

第1章 PHM 和预测性维修

1.1 预期维修和预测

1.1.1 维修功能的演化和挑战

1.1.1.1 工业维修

根据标准规范 EN 13306(2001),维修可定义为"在物品的生命周期内旨在使其保持或恢复到能够执行所需功能状态的所有技术、行政和管理行动的组合"[EN 01]。它还包括一套故障排除、维修、控制和校核物理设备的行动,并且这些维修活动应该有助于改善工业过程。从传统的观点来看,维修功能保证了设备的可靠性,特别是可用性。因此,从全局来看,它的目标是理解失效机制,并据此采取行动,以确保系统(设备)能够履行其设定的功能。但是,维修任务的职能不再局限于只是确保"系统服务"的执行手段,而是在质量、安全和成本方面出现了不同的要求,因此在过去的 20 年里维修活动的挑战和功能在不断演变。

1.1.1.2 维修活动的挑战和功能

维修活动的挑战可以从不同的角度进行讨论。一方面,工业设备变得越来越复杂,对维修能力的要求也越来越高。此外,企业是在一个竞争激烈的环境中发展的,财务问题非常突出。因此,维修并不能逃避降低成本的基本原则。在另一方面,近年来工业管理人员一直面临着更大的环境和社会约束,这就意味着仅仅满足于技术和经济表现是不够的,还要考虑环境的必要"约束",甚至一些问题是必须考虑的,例如工厂产生的废物、污染及可能造成的温室效应等问题。这与对公众的尊重相结合,构成了一种社会约束。基于此,政府部门最近起草的立法文案中也明确表示鼓励工业单位在其战略中列入可持续发展的概念。最终的具体表现是追求三重绩效,其中商业绩效当然是最重要的,但也有新的人类/社会和环境要求作为补充。因此,对于维修活动的功能,它必须根据日益增加的挑战加以演变:

(1)旨在增加设备的可用性,同时降低直接开发成本(技术和经济);
(2)必须确保设备的安全运行,即避免可判定为对环境有害的事故;
(3)维持令人满意的工作条件和人的安全(社会)。

1.1.1.3 维修活动的演变

由于需求不断增加，维修费用近年来迅速增加。据估计，美国 1979 年的维修费用为 2 000 亿美元，并在随后的几年里增长了 10%～15%[BEN 04]。然而，这种维修成本的大部分是可以避免的：例如对生产连续性没有主要作用的设备进行大量维修导致了维修时间的浪费。单是成本的增加并不能证明需要重新考虑传统的维修方法。首先，随着生产系统的不断发展和自动化（机器可以确保生产无须人工干预）的逐步实施，先进的技术不断涌现。其次，工业部门寻求快速适应与客户需求变化相关的生产数量和质量，这就要求工业设备具有高度的灵活性。因此，维修活动在今天被认为是一种独立的活动，这种演变在很大程度上是由于信息和通信科学技术的快速发展。此外，在过去的几年里新的维修架构出现了，最新的方式融合了电子维修的概念，基于知识共享和知识生成的原则，通过本体进行形式化[KAR 09b]。然而，事实上是维修策略本身的发展造成了这些维修体系结构的变革。现在的维修人员希望超越静态维修，并实现更多的"动态"维修策略。下一节将专门分析这一演变过程。

1.1.2 对失效机制的预测

1.1.2.1 维修表格的制图

在 20 世纪 60 年代之前，工业维修服务的主要任务是对损坏的设备进行干预，以便尽快修复设备。这种维修被称为纠正性维修，已经被一种预防性维修逐步补充，即在故障发生之前就进行维修。这两大类型的维修方式会在后文中进行详细阐述，图 1.1 给出了它们的基本结构。

1.1.2.2 纠正性和预防性维修

标准规范 EN 13306(2001)将纠正性维修定义为"在故障识别后进行的维修，目的是使某一项目进入能够执行所需功能的状态"[EN 01]。这种维修一般适用于以下设备：
(1) 故障的后果并不重要；
(2) 维修很容易，不需要很长时间；
(3) 投资成本低。

我们可以区分两种形式的纠正性维修。如果维修是临时的，我们称之为"暂时性维修"。如果故障是确定的，我们称之为"治疗性维修"。

预防性维修的目的是降低发生故障的风险。标准 EN 13306(2001)将其定义为"在预定的时间间隔或根据规定的标准进行的维修，旨在减少故障或设备运行退化的概率"[EN 01]。当维修干预在固定和预定的时间间隔内进行时，使用术语"预防性维修"。这种维修是按照时间表（工作时间、完成距离等）进行的，并通过定期更换部件来实现，无须事先检查，也不考虑产品的劣化状态。预先确定的维修可能导致过度关注，也就是说过多无用的干预,从而造成经济浪费。为了弥补这一点,出现了其他形式的预防性维修,基于对设备实际状态的监测,包括基于状态的维修(CBM)和预测性维修。

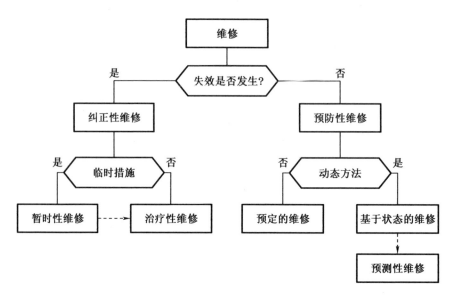

图1.1　根据EN 13306(2001)标准制订的维修表格[EN 01]

(详见 www.iste.co.uk/zerhouni1/phm.zip)

1.1.2.3　基于状态的维修和预测性维修

基于状态的维修被定义为"基于性能和/或参数监控以及后续行动的预防性维修"。因此,这种维修策略需要基于对工业设备数据(例如振动、温度等)的实时分析。它的目的是检测工业机械运行中的异常:发现其特性的变化并预期未来的故障状态。基于状态的维修比传统的预防性维修更好地考虑了设备的使用条件,也就是说它不允许确定地设计维护策略,即故障发生的时间仍然是不确定的。预测性维修旨在弥补这种经验知识的缺乏。它被定义为"根据对设备退化过程中重要参数的分析和评估得出的预测进行基于条件的维修"。其基本思想是将目前的良好状态投射到未来,以便在故障发生之前估计其运行时间。因此,预测性维修更具动态性,它考虑到设备的当前状况,并试图及时预测产品的状态演变。由于预先对维修干预进行了精确的计划,因此预测性维修大大节省了成本,多年来一直是人们日益关注的问题。它可以带来很多好处:

(1)减少故障次数;

(2)提高生产过程的可靠性;

(3)提高人身安全并改善公司形象;

(4)减少昂贵设备的闲置期;

(5)增加公司效益。

预测性维修策略的实现基于工业预测系统中关键流程的部署,该流程旨在确定被监视系统的未来状态,下一节将专门介绍这个概念。

1.2 剩余使用寿命的预测和评估

1.2.1 预测的定义和手段

在文献[BYI 02, ENG 00, HEN 09a, HES 05, JAR 06, LEB 01, LUO 03, MUL 05, PRO 03b, SIK 11, VAC 06, WU 07, ZIO 10a]中已经提出了"预测"一词的许多定义,这些不同的含义主要源于作者的职业和对应用的敏感性。尽管没有完全一致的意见,但可以按照国际标准委员会(ISO)的建议定义预测。

标准 ISO 13381(2004):预测的目的是"估计一种或多种现有和未来失效模式的失效时间和风险"[ISO 04]。

我们可以突出一个关键特性。失效的概念本身意味着预测应该基于评估标准,其限制取决于被监测系统和性能目标。换句话说,预测系统不仅意味着我们应该能够对未来系统的行为进行预测,还意味着我们应该能够在考虑所选择的任务标准情况下,在每个瞬间识别健康状态。因此,没有一组独特的评估指标适合所有的预测应用程序[ORC 10, SAN 15, SAX 08a, SAX 09, SAX 10, VAC 06]。不过,我们可以区分两类措施。

(1)预测度量:预测的主要目标是提供有助于做出正确决策的信息。因此,一组初始的度量能够量化被监测系统的潜在风险。这种度量与预测度量相对应,其中最主要的是失效时间(TTF)或剩余使用寿命(RUL)。我们还需要构建一个置信域,以表明 RUL 的确定性程度。以图 1.2(a)为例,为了简单起见,将退化过程视为一维变量。RUL 可以定义为当前瞬间 t_c(检测到故障后,t_D)以及退化达到失效阈值(t_f)之间的间隔时间:

$$\text{RUL} = t_f - t_c \tag{1.1}$$

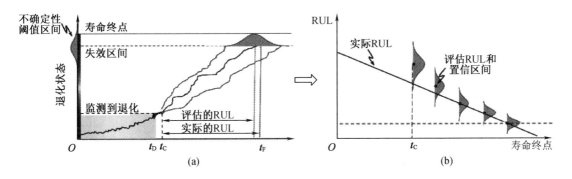

图 1.2　预测过程的解释说明

(详见 www.iste.co.uk/zerhouni1/phm.zip)

(2)预测系统的性能测量:也必须能够判断预测的质量,以便决定适当的行动。为此,我们可以构建几个指标以便度量预测系统的性能。文献中强调的主要衡量标准是及时性、精确性和准确性。这些指标不能在这里详细说明,但明确的解释可以在文献[GOE 05,

VAC 06]中找到。在任何情况下,它们表示一组 RUL 估计值和对应 RUL 精确值之间的差距[图 1.2(b)]。

此时我们需要记住,预测过程是全局稳定的,但本质上是不确定的。此外,我们还会提出一些评估问题(如何确定/量化预测过程?)

1.2.2 预测方法和技术路线

1.2.2.1 预测方法的分类

在过去的十年中,故障预测的很多工具和方法被相继提出,同时相关学术论文针对预测方法进行了分类[DRA 09, GOR 09, HEN 09b, JAR 06, KOT 06, LEB 01, LEE 14, PEC 08, PEN 10, SI 11, SIK 11, TOB 12b, VAC 06, VAN 09, ZIO 12, ZIO 10a]。预测方法似乎根据所考虑的应用场景而有所不同,而实现的工具主要取决于可用数据和知识的属性。此外,这些方法和工具可以被统一归类为几种典型方法,通常在 PHM 领域中被普遍认可的分类如下(图 1.3):一是基于物理模型的预测,也即基于物理机理的预测;二是基于数据引导的预测,也即数据驱动的预测;三是基于混合模型的预测。

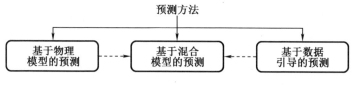

图 1.3 预测方法的分类

(1)基于物理模型的预测。这种方法需要建立一个动态模型来表示系统的行为并集成疲劳、磨损、腐蚀等退化机制,同时物理模型的递推过程可以由确定性模型或者随机过程模型表示[CHE 04, CHO 11, FAN 11, GUC 11, HON 13, KAC 04, LI 05, LI 00b, LUO 03, PEC 09, PEC 10, PEY 07, QIU 02, UCK 08, WAN 10]。这些方法通常能够比其他两种方法提供更为精确的结果。此外,这类方法还具有可解释的优势;模型参数与系统的物理量有关,系统退化会引起参数偏差。这种方法最大的缺点在于:对于真实的系统,很难甚至不可能获得一个以解析形式表示退化机制的动态模型(因为物理现象具有复杂性和多样性)。此外,为特定过程建立的模型很难转换到另一个物理系统中,即使这些物理系统是同类别的也很难。因此,它们的应用领域受到了限制。

(2)基于数据引导的预测。这种方法基于对监测数据的直接应用,通过对监测数据进行处理以提取反映系统行为及其退化的特征。这些数据进一步作为训练数据,以不断训练和优化预测模型,最终该模型可以进行 RUL 的估计。其中最典型的方法包括:神经网络、神经模糊系统及其变体[CHI 04, DRA 10, EL 11, GOU 12, HUA 07, JAV 14a, MAH 10, RAM 14, TSE 99, WAN 01, WAN 07, WAN 04]、概率方法(贝叶斯网络、马尔可夫模型及其优化模型)[BAR 05b, CAM 10, DON 07, DON 08, MED 12, MOS 13b, MUL 05, SER 12, SER 13, TOB 12a, TOB 11a, TOB 12b]、随机模型[BAR 10, BAR 05a, GRA 06, LE 12, LE

13，LOR 13]、状态空间和滤波模型（卡尔曼滤波和粒子滤波）[AN 13，BAR 12，CAD 09，ORC 05，PHE 07，SAX 12，SIK 11，SWA 99]、回归工具[BEN 15，HON 14b，KHE 14，LEE 06b，NIU 09，WU 07，YAN 04，ZIO 10b]，或者是这其中几种方法的集成[BAR 13b，BAR 13c，BAR 12，HU 12，JAV 12，RAM 10]。这些方法不需要系统行为和故障的机理模型，因此它们的部署相对简单，用户不用构建复杂的模型，而是利用现场收集的数据。传感器和监测系统的发展，加上不断增长的计算性能，提供了显著的处理、分析和学习能力，从而促进了这种方法的实现。但是，当学习到的模型偏离系统的真实行为时，数据驱动的预测会失去准确性。因此，它是适用性和精确性的折中。

（3）基于混合模型的预测。这种方法是前两种方法的集成，通常分为两类（图1.4）。当可以建立物理模型（甚至是经验模型）时，采用数据驱动的方法来估计和预测模型的不可观测参数。在这种情况下，我们称之为"串联方法"[BAR 13a，BAR 13d，DAL 11，DON 14，FAN 15，HU 15，JOU 14，MED 13，OLI 13，ORC 10，PEC 10，PEY 07，ZIO 11]。还有一种被称为"并行"（或"融合"）的方法，主要思想是将物理模型的输出与数据驱动的输出相结合，以重构全局输出。在这种情况下，数据驱动的工具通常被用来估计和预测没有解释而无法建立物理模型的现象[CHE 09，HAN 95，KUM 08，MAN 13，PEC 10，THO 94]。基于混合模型的预测方法具有良好的估计和预测性能。一方面，其有助于建立一个良好的不确定性模型。另一方面，就计算资源而言，其可能非常耗时并且受到退化物理模型需求的限制。

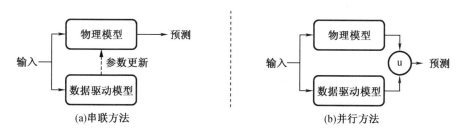

图1.4 基于混合模型的预测方法

（u表示取平均）

1.2.2.2 小结

预测方法的分类本身并不是目的，而是为了让相关领域的研究人员熟悉预测方法，而且各个类别之间的界限并不是严格区分的。例如，贝叶斯网络是基于物理模型的方法，我们可以利用该方法生成系统动态模型，但也可以使用一系列的数据驱动方法来学习和训练贝叶斯网络的结构参数。此外，粒子滤波是基于物理机理建立状态空间模型，然后借助传感器提供的观测数据进行迭代更新。它有时被称为数据驱动方法，但也可以被归类为基于物理模型的方法。当然，这里我们要说的并不是预测方法的分类是错误的，而是必须谨慎考虑和深刻理解。目前，没有哪一种预测方法是万能的，因此我们需要根据对象及工具的约束条件选择适当的预测技术：

(1)测量的可能性和数据记录的可用性;
(2)是否有工程模型或有关现象的物理经验知识;
(3)真实系统的动态性和复杂性;
(4)操作条件和/或任务工况的可变性;
(5)限制条件(精度、计算时间等)。

1.3 从数据到决策:PHM 流程

1.3.1 检测、诊断和预测

工业设备状态检测和维修涉及不同的业务流程,目的是以最低的成本在运行条件下对系统进行维修。因此,我们经常谈到故障检测、故障诊断、控制和/或缓解措施(预防或纠正)的选择,以及对这些措施的动态计划。概括地说,这些步骤对应的必然联系和逻辑关系,首先是"感知"某些现象,然后是"理解"它们,最后是作为结果而采取的"行动"。这就是说,正如我们已经提到的,其他预测方法(补充但不是排他的)不在于理解一种刚刚出现(如失效或故障)的后验现象,而在于试图预测它们的发生,以便采取相应的保护行动,这就是"失效预测"的目标。"检测""诊断"和"预测"过程的相对顺序如图 1.5(a)所示。从现象学的角度来看,它们的互补性可以解释如下[GOU 11][图 1.5(b)]:

(1)检测的目的是识别系统的运行模式和状态;
(2)当发生故障时,诊断将隔离并识别停止工作的组件(从结果到原因);
(3)预测旨在预测系统的未来状态(从原因到结果)。

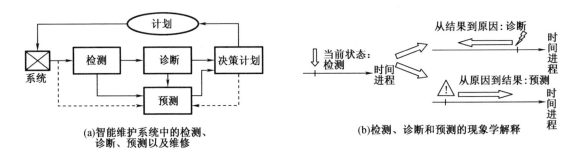

图 1.5 检测、诊断和预测的互补性

1.3.2 CBM 架构和 PHM 过程

CBM 架构与上面列出的同故障专家知识相关的业务流程完美互补。此外,不应该以孤立的方式考虑预测。

(1)事前:只有正确理解退化机制(数据采集、特征提取、检测、诊断),才能实现对故障的预测。

(2)事后:实际上,RUL 本身并不是目的。相反,其估计结果应该引起适当的决策分析。

因此,预测部署需要一组任务模块,这些任务通常可以称为"CBM 系统"(基于状态的维修)分组。学者们对此进行了大量研究[BEN 03b, BYI 02, DJU 03, GAU 11, LEB 01, LEE 06b, MUL 08a, PRO 03a, PRO 03b, VAC 06],提出了不同的软件体系结构,如本地部署、分布式部署、模块化等,并且 MIMOSA 集团发布的标准可以被认为是统一的体系结构[MIM 98]:OSA/CBM(基于状态维修的开放系统体系结构,该标准已经被规范化[ISO 06])。该体系结构由 7 个功能模块组成,可以认为是顺序的或分布式的(图1.6)。

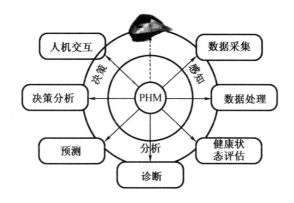

图1.6 融合 OSA/CBM 体系结构的 PHM 循环过程

(1)数据采集。该模块为系统提供从传感器或转换器(采集、备份和保护)获取的数据。操作员(开发人员或维修人员)也可以输入基本数据(干预类型、原因、日期、持续时间等)。

(2)数据处理。该模块对传感器发出的信号进行处理,以提取表明异常存在、退化开始的特征,从长期来看,其代表被检测系统随时间的状态演变。

(3)健康状态评估(检测)。检测模块将实时数据(提取的特征)与一些预期或已知的数据进行比较;它必须能够根据阈值、性能、安全等标准生成警报。

(4)诊断。该模块根据检测到的状态,判断被监控的系统或组件是否出现退化,并给出可能的故障原因(识别和定位)。诊断模块需要全面了解系统组件、它们的相互作用、它们的操作和环境条件。

(5)预测。该模块依赖于前述模块的数据,以预测被监视系统或组件的未来状态,并给出关于 RUL 的估计。预测需要知道系统的当前状态,并推断未来的使用情况。

(6)决策分析。该模块的主要功能是建议控制/维修操作,以便系统能够正常工作,直到任务完成。这个阶段主要是基于 RUL 的估计来实施。

(7)人机交互。该模块接收来自所有前述模块的信息,以人机界面的形式进行显示或操作。

虽然 OSA/CBM 结构是从智能维修系统的计算机实现角度定义的，但它揭示了一组正确理解故障机制所必需的基本流程。目前它们仍然被用于描述预测和健康管理的过程。PHM 这个术语还没有一致的定义。根据高级生命工程中心（CALCE）（该领域最活跃的研究小组之一）的说法，PHM 是"预测和保护设备、复杂系统完整性的手段，并避免导致任务性能缺陷、退化和对任务安全的不利影响"。换句话说，PHM 的应用领域并不局限于工业维修，它所采用的基本流程与 OSA/CBM 相同。主要的区别在于所采取的决策的性质：PHM 被认为是更一般的，可以应用于任何类型的活动。

1.4 本书的范围

如上所述，PHM 涉及较为广泛的技术环节，单凭一种技术方法来处理它们是很复杂的。因此，图 1.6 中显示的 7 个 PHM 模块中有 3 个没有在本书中加以分析。首先，故障诊断（第 4 阶段）如今是一门成熟的学科，在科研和工业层面上都发展得很好。因此，这里不讨论这方面，有兴趣的读者可参考相关文献[ISE 97，ISE 05，JAR 06，MED 05，SAM 08，VEN 05]。另一方面，正如绪论中提到的，"决策"和底层的"数据体系结构"是另外一本书（《从 PHM 概念到预测性维修 2：知识、可追溯性和决策》）的主题，我们不在这里讨论。

第 2 章　数据获取:从系统到数据

2.1　概　　述

本章描述了获取监测数据的一般方法,监测数据中蕴含了退化机理和 PHM 应用中所必需的运行数据(图 2.1)。

图 2.1　从系统中获取 PHM 所需数据的步骤

(1)关键元件。这一步的目的是定义 PHM 应用程序所需的关键元件。这项任务是在不同的分析(包括功能分析、经验反馈等)基础上执行的,它是由操作员和/或系统制造商共同完成的。

(2)物理参数和传感器。在第一步的基础上,需要定义要监测的物理参数,并依此选择要安装的传感器,以便跟踪退化现象的演变过程(即确保我们可以监测到感兴趣的现象)。如果系统已经部分安装了传感器,则该步骤可以验证已安装传感器的有效性。

(3)数据采集存储和预处理。第三步主要是对传感器发出的数据进行采集和预处理。其目标主要是消除数据中影响退化现象解释和分析的潜在错误。此外,有必要将数据保存为易于算法分析的格式。

上面介绍的三个步骤将在 2.2 节和 2.3 节中具体描述,2.4 节给出了案例分析。

2.2 关键元件和物理参数

2.2.1 关键元件的选择——一般过程

关键元件通常定义为其故障会导致整个系统不可用和/或具有高故障率的元件。理想情况下,它应该由系统的制造商指定或者由操作人员指定,但是实际上这种情况很少见。首先,制造商不倾向于提供他们所生产产品中关键元件的任何信息。此外,由于需要考虑多种标准(可用性、安全性、成本等)和潜在退化现象的复杂性,操作人员的专业知识可能不足以有针对性地指出关键元件。因此,系统关键元件的识别通常基于"可靠性"和"风险管理"的部署(图2.2)。

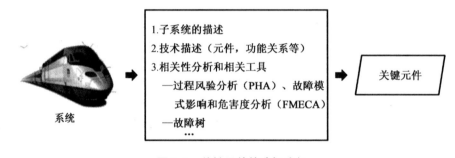

图 2.2 关键元件的选择途径

第一步是将系统分解为子系统。例如,对于火车,子系统可以是牵引电机,感应电能的受电弓、门,或者控制与指挥系统等。

第二步涉及每个子系统的技术描述。这意味着要列出每个子集的主要元件及其交互关系,最重要的是,确定它们所代表的功能。

在此基础上,可以进行可靠性和风险管理研究。它侧重于系统的功能失效分析,并由可用数据和知识的定性和/或定量研究(由制造商提供、在开发过程中收集等)支持。为此,可以使用一组支持工具。

2.2.2 系统和对应工具的相关性分析

可靠性是国防、航空、核动力、空间和运输部门的一个重要标准,主要分析四个方面,即可靠性、可用性、可维修性、安全性。为了实现这一点,可靠性依赖于系统先验和后验知识的概念、方法和工具,以识别其故障机制。

在所有可靠性分析方法中,最流行的是经验反馈、过程风险分析、故障模式影响和危害度分析、危害和可操作性研究、因果关系树、事件树和故障树(表2.1)。这些方法在科研文献中有很多记载,在工业界中也很普遍[LIU 13,POP 08,VILL 88],它们在分析类型(归纳或演绎)和所使用的信息(定量或定性)上有所不同。回到我们的PHM问题,这些不同的工具是识别系统中关键元件的基础。更进一步地,经验反馈、FMECA和故障树3种具有互补性的方法值得关注。

(1)经验反馈用于改进分析,以识别潜在的关键故障。

(2)FMECA可以列出可能的故障模式及其危害度。

(3)故障树可以评估可能出现的危险情况。

表2.1 分析评估和管理中用到的主要方法

方法	分析类型	主要思路
经验反馈	推理/定量	从过去收集有关系统的经验知识
PHA	归纳/定性	预先确定要研究的风险
FMECA	归纳/定量	评估故障的后果
因果关系树	推理/定性	组织导致事故(故障)的事件
事件树	归纳/定量	评估事件的可能后果
故障树	推理/定量	评估潜在故障的场景

2.2.2.1 经验反馈

根据Vérot的观点,经验反馈的原则是通过观察、收集、分析和处理有关系统当前功能及其对环境的影响信息,从而提高关于系统的认知[VÉR 01]。因此,经验反馈是一种方法,包括了解发生了什么和正在发生什么,并以此改进系统;它的目标是更新或完成现有的先验知识。经验反馈的一般方法可以概括为五个步骤:

(1)分析任何异常事件;

(2)原因与继承关系研究;

(3)经验与问题研究;

(4)纠正措施的定义;

(5)知识的传播与积累。

当检测到故障时,经验反馈通常是在系统开发阶段(启动、运行、关闭等),根据对系统信号的响应情况执行的。为了识别故障模式,经验反馈可以通过先验评估(审核、异常研究等)来完成,以便在事件发生之前检测出可能导致故障的因素或条件。

2.2.2.2 FMECA

FMECA是一种归纳方法,可用于识别和评估元件故障对系统、系统功能和系统环境的影响;根据结果来评估所识别的危险情况,以便对它们进行排序。一般来说,FMECA列出了工业系统面临的问题,因此它是对以下方面的有力支撑:

(1)评估危害的严重性;

(2) 对元件故障造成的风险进行全面评估；
(3) 找出系统的弱点并加以排序；
(4) 确定必要的维修措施；
(5) 评估修改设计或维修以减少风险；
(6) 确定退化功能并采取适当措施；
(7) 对开发和维修规则的重要性进行排序；
(8) 从整个系统的角度，改进从事该系统工作的专家经验知识。

更综合地说，FMECA 代表了一个有效的系统分析工具，结合经验反馈可以识别最常见和关键的故障模式。请注意，FMECA 是一个国际化的标准，它提出了一个严格的实施程序[IEC 06]。

2.2.2.3 故障树

与 FMECA 类似，故障树通常是在对系统进行先验研究的背景下建立的。它以综合的方式评估某些条件下产生某种故障的事件组合集（危害事件是研究的起点）。构造故障树等价于回答以下问题：哪些事件组合可以导致某种故障。故障树通过基本事件概率量化故障的发生概率。它是一个特别有用的工具，可以用来评估保护措施的便利性，以减少故障的发生。此外，因为它的后验性质，故障树可以与经验反馈相互补充。特别地，为了优化故障树，可以细化树的构造以便更好地量化故障节点的概率。

2.2.3 观测的物理参数

可以通过分析元件的某些物理参数来执行元件的监视并评估其运行状况。因此，这些物理参数的选择是至关重要的。在工程实践中，这一选择要求对物理参数的变化与退化开始和发展的因果关系有深刻的认识。例如，在旋转机器轴承上的轴向振动测量信号提供了关于滚动体或保持架中存在缺陷的信息，而轴承周围的湿度测量就与退化过程不太相关，很难对检测缺陷有所帮助。此外，这一步影响了 PHM 方法部署的可行性和有效性，因为它影响了检测系统的能力；一个糟糕的物理参数选择可能导致无法检测或错误警报，从而产生灾难性的后果（事故、爆炸、脱轨等）。

可见，选择要观察的物理参数需要多学科的专门知识，因为在工业系统及其关键元件中物理参数会受多种因素干扰。系统制造商和/或操作者的专业知识是宝贵的，应该考虑与注意。事实上，没有系统的方法来确定哪些物理参数应该被检测，PHM 解决方案的开发人员通常依赖于经验和工程实践。表 2.2 给出了最常见的物理参数。

表 2.2　最常见的物理参数 [CHE 08a]

领域	物理参数
热力学	温度、热流量、散热量

表2.2(续)

领域	物理量
电子学	电压、电流、电阻、电感、阻抗、电容、介电常数、电荷、极化、电场强度、频率、功率、噪声
机械学	长度、面积、体积、位移、速度、加速度、流量、耦合、密度、相对密度、刚度、摩擦力、压力、声发射
化学	化学浓度、反应性
湿度	相对湿度、绝对湿度
生物学	pH值、生物分子浓度、微生物
光学	光强、相位、波长、偏振、反射率、透过率、折射率、振幅、频率
电磁学	磁场强度、磁矩、磁导率、方向、位置、距离

2.3 数据采集和存储

在定义了关键元件和要监测的物理参数后,下一步为信号的采集、存储和预处理(图2.1)。这一过程提供了可靠的数据,用于不同的PHM模块处理。通常,其执行过程的结构示例如图2.3所示。

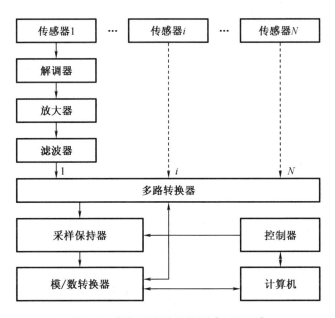

图2.3 数据采集的结构图[ASC 03]

数据采集过程必须提供以下功能[ASC 03]:
(1)提取每一个物理量的信息,并由传感器转换为电信号;
(2)传感器传递的电信号以电荷、电流或其他电信号的形式进行转换;

(3)信号的模拟处理(放大和滤波),以避免其因噪声而退化;
(4)使用多路转换器在所有可用信号中选择一个信号;
(5)模拟信号转换为计算机可用的数字信号,这个过程是由采样保持器和模/数转换器共同完成的。

下面简要介绍传感器数据的采集与存储。

2.3.1 传感器的选型

作为数据采集过程的首要元素,传感器的作用是将物理量转换为电信号,然后由采集模块进行处理。传感器具有不同的特性,如距离、精度、灵敏度、分辨率、速度等。

2.3.1.1 传感器的类型

不同类型的传感器根据不同的物理原理工作,用不同的技术制造。这里的目的不是描述每个传感器的工作原理,而是列出传感器及其使用领域的清单。关于这些类别的更多细节可以在文献[ASC 03]中找到。我们可以区分电流传感器、电荷传感器、电阻传感器、电感传感器、电容传感器和高扰动环境下的传感器。图2.4所示为力矩传感器和加速度计的示例。

图 2.4 力矩传感器和加速度计的示例

2.3.1.2 选择标准

传感器的选择需要考虑一系列的约束和限制条件,其中最重要的标准如下。
(1)性能:传感器的一套计量特性(精度、线性、灵敏度等)。
(2)可靠性:传感器的选择必须确保它们不会改变系统的可靠性。
(3)成本:在选择传感器时必须考虑这一标准,以获得有竞争力的解决方案。
(4)数量和位置:传感器的数量取决于应用场景和预期目标(例如用于系统监测和控制的传感器冗余、对所有测量的覆盖等);传感器的位置也是在选择过程中必须考虑的一个标准,以保证获得的测量值与目标测量值相对应。
(5)固定类型:可能有不同的解决方案,取决于需要监测的元件结构形式、运行环境及预期效果等。
(6)尺寸和质量:每个传感器的尺寸、形状、质量和外壳都是必须考虑的因素,以不影响测量过程。

（7）空间：在某些应用中，获取测量值可能很困难，甚至不可能。因此，进行传感器的选择必须充分了解空间约束；在难以布置的情况下，可以提出遥测解决方案。

（8）环境：传感器应能够承受环境参数的变化（极端温度、高湿度、核辐射和电磁辐射等）。因此，我们必须选择合适的传感器，使测量结果不受环境参数变化的影响。

2.3.2 数据采集

采集系统通常由数据采集卡、计算机、专用软件和外部硬盘组成，硬盘用于存储大量处理后的数据（图2.5）。

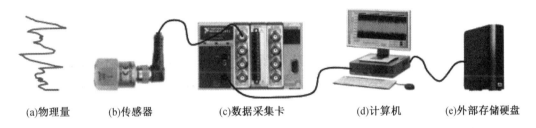

(a)物理量　　(b)传感器　　(c)数据采集卡　　(d)计算机　　(e)外部存储硬盘

图 2.5　数据采集链的简化流程图

数据获取，这个任务是通过数据采集卡来完成的（图2.6）。这些数据采集卡的作用是获取（输入）和传递（输出）一些信号（输入/输出卡）。输入和输出可以是模拟和/或数字量。目前，主要有两种类型的采集卡：可插到计算机中央处理单元的采集卡和可插到专用外壳上的外部采集卡。大多数专用数据采集卡包括信号解调器、滤波器、多路转换器和模/数转换器等的功能。用户只需将传感器输出连接到这些卡的输入端即可实现上述功能。此外，这些采集卡提供了驱动程序（可以通过驱动程序选择采样频率，通过编程或命令中断传输、管理流向硬盘的数据流等）。用户可以通过专门的软件与数据采集卡进行通信，获取、保存、显示和处理所获得的数据。在这些软件中，最常见的是来自国家仪器公司的图形化软件 LabView。数据采集卡的选择受到以下几个标准的影响：数据传输速度、数据缓冲区、信号数量、信号解调器的类型、带宽等。

(a)振动信号数据采集卡　　(b)温度信号数据采集卡　　(c)外部卡槽

图 2.6　数据采集卡示例

在数据采集过程中,采样频率的选择至关重要。理论上,为了避免传感器输出到采集卡输入之间信息丢失,采样频率 f 必须大于或等于采样信号最大频率 F_h 的 2 倍(香农定理):

$$F_s \geqslant 2F_h \tag{2.1}$$

然而,在工程实际中,由于采集卡的限制,采样频率最高可以达到被采样信号最大频率的 24 倍。

2.3.3 数据预处理和存储

首先,数据采集卡将采集到的信号保存在不同格式的数据文件中(通常是.txt、.csv 或.tdms 文件)。除了保存测量数据外,这些文件还可以存储关键元件运行条件的信息(负载分布、转速、测试环境的温度等)。

其次,检查保存的数据,以检测可能的错误或丢失的样本。一般情况下,有时数据矩阵的某些部分会被零值代替,或者完全是空的。在这种情况下,预处理时会用其他数值(前一个数据窗口中的平均值、零等)替代缺失的符号或数据。请注意,收集到的数据还可以经过其他类型的预处理,例如滤波以去除噪声,或重新采样以减少数据。

最后,校正后的数据文件存储在专门用于测试的计算机硬盘中或存储容量大的外部硬盘中。这些数据可以通过软件和其他算法进行显示,或者用于分析或处理并执行 PHM 的相关应用。

2.4 案例分析:轴承的 PHM 分析

本章描述的方法已经应用于许多系统,特别是铁路和精密机床等领域。为了说明这种方法,本节以客运列车为例进行讲解。

2.4.1 从系统到关键元件——轴承

客运列车是一个复杂的系统,由不同的子系统组成(图 2.7),每个子系统实现一组基本功能,所有这些都有助于列车实现主要功能,即将乘客安全舒适地从 A 点运送到 B 点。

图 2.7 客运列车的子系统

牵引系统主要是由发动机及转向架组成,如图 2.8 所示。发动机由转子(基于永磁体)和定子(基于线圈)组成。对铁路运输领域某知名公司的经验反馈数据进行分析,可以得出结果:轴承和定子是产生故障最多的部件。这一结果与表 2.3 所示的异步电机的故障分布一致,即电力研究所(ERPI)和电机可靠性研究人员的分析表明轴承是发生故障最多的部件。此外,该铁路维修公司技术部门的 FMECA 分析显示,轴承具有高临界水平[TOB 11a]。这一结果主要是因为轴承具有中等的失效概率和较严重的故障后果,因为它们的故障足以导致发动机停止,进而可能导致火车停运。

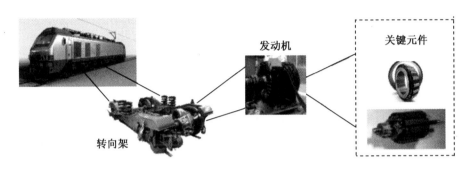

图 2.8 火车发动机的关键元件

表 2.3 异步电机的故障分布

元件	失效百分比/%				
	Bloch 和 Geitner [BLO 99]	O'Donnell [O'DO 85]	IEEE - ERPI [LAN 02]	Albrecht 等 [ALB 86]	阿尔斯通运输公司
轴承	41	45~50	45~55	41	40
定子	37	30~40	26~36	36	38
轮轴	10	8~12	—	9	10
其他	12	—		14	12

轴承故障可以由不同的原因引起,这些故障大部分与磨损、润滑不良、异物和过载电流有关。因此,很难预先定义轴承退化的特征,必须对该部件的退化行为进行更详细的分析,而这是下一节的主题。

2.4.2 实验平台 Pronostia

2.4.2.1 选择标准

在一些文献中已经提出了不同的实验(或模拟)平台专门用于执行 PHM 任务。它们涉及不同的关键部件,如齿轮[KAC 04]、切削工具、精密机床[ERT 04, NAS, REN 01, ZHO 06]、液压泵[PEN 11]、电子元件、涡轮机、电池[NAS]和轴承[DEL 00, LEE 06a,

OCA 07, SHE 09, SUB 97, YAN 09]。大多数实验平台通过人工设置故障(如强放电)来模拟故障,而这不允许观察退化的演化过程。Pronostia 平台旨在弥补这种问题:轴承在初始缺陷的情况下经历加速退化,这提供了代表其退化不同阶段的数据(图2.9)。

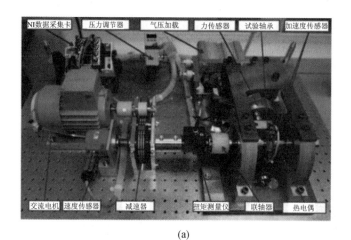

(a)　　　　　　　　　　　　　　　　　　　(b)

图2.9　Pronostia 实验台及采用的 NSK 6804DD 轴承

2.4.2.2　操作原则

使轴承过早磨损的基本方法包括对后者施加径向约束,0～10 000 N 可调,并在所有实验期间保持稳定。这样,系统施加了2.5 倍的最大径向约束,加速了退化。旋转速度也可从 0～2 000 r/min 进行机械调节。因此在轴承中产生的退化是两个系统共同施加约束的结果。一方面,气动执行器对杠杆臂施加负载,而杠杆臂反过来又对轴承施加径向力。另一方面,支承轴确保轴承内圈在 0～2 000 r/min 的转速内旋转,并由速度传感器进行测量。径向力执行器是一个气动千斤顶(图2.10),其供应压力由一个压力为 7 bar(1 bar = 10^5 Pa)的比例调节器提供。因此,千斤顶传递的力通过测试球轴承的夹紧环间接地作用于其外环上。力通过齿轮系统以旋转杠杆臂的形式传递,将放大的负载施加到与夹紧环连接的轴上(图2.11)。后者包括一个力传感器,用于测量施加在测试轴承上的载荷;在此基础上,用两个加速度计和一个温度传感器观察轴承的退化。加速度计和温度传感器分别在25.6 kHz 和 10 Hz 的频率下进行采样。数据采集系统通过 USB 与计算机相连,采集安装在平台上不同传感器的采样值。最终,LabVIEW 应用程序格式化、存储和显示采集到的数据并提供给 PHM 系统使用。

2.4.2.3　演示实验

多项演示实验在 Pronostia 平台上进行。这些实验在总持续时间和负载分布上有所不同(表2.4)。当从测量数据中观察到过大的振幅时,实验就会停止。这些过大的振幅值被认为是故障阈值,如图2.12 所示。

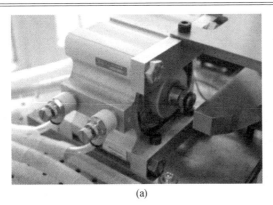

(a)   (b)

图 2.10   施加径向力的工作台元件:气动千斤顶和比例调节器

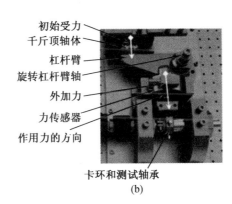

(a)   (b)

图 2.11   齿轮系统和负载传动

表 2.4   在 Pronostia 平台上进行的实验示例

工况	测试组	转速/(r·min^{-1})	负载/N	持续时间	故障模式
1	1	1 800	4 000	3 h 25 min	IR, OR
	2			6 h 50 min	OR
	3			6 h 48 min	OR
	4			6 h 16 min	OR
	5			1 h 00 min	OR
	6			1 h 12 min	OR, IR
2	1	1 650	4 200	1 h 12 min	IR
	2			5 h 25 min	OR
	3			2 h 05 min	OR
	4			6 h 26 min	OR
	5			1 h 57 min	IR, OR
	6			2 h 11 min	OR

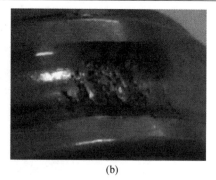

图2.12 轴承外圈和内圈退化的例子

使用DIN ISO 281标准[ISO 07]中描述的L_{10}定律,可以比较实验寿命与理论寿命。根据后者,工况1和工况2的寿命分别为555 min和521 min,即9 h 15 min和8 h 41 min。然而,在实践中所研究轴承的寿命在1 h和6 h 50 min之间变化。因此,理论估计与实际观察有很大不同,这进一步证明了需要对关键部件进行持续监测。

2.4.3 获取信号的实例

在实验中,可以采集放置在轴承附近的传感器信号,加速度计的采样频率固定在25.6 kHz,温度传感器的采样频率固定在10 Hz。信号采集后还会进行重采样。因此,对于每一秒(25 600点)的振动数据,只使用了十分之一的数据量(2 560点)。以同样的方式,对于温度数据,保持60点/秒,而不是最初的600点/秒。图2.13显示了安装在Pronostia平台上的加速度计在相同操作条件下进行两次测试所输出的振动信号。显然,轴承没有相同的寿命,它们不会以相同的方式退化。因此,我们面临的挑战在于能否从这些原始信号中提取出一些相关的特征和指标,从而让我们能够跟踪退化演变并预测故障时间。

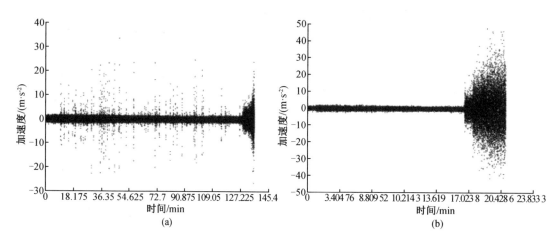

图2.13 两个被测轴承的原始振动信号

Pronostia平台提供的数据可供研究人员和企业使用。在2012年美国丹佛举行的IEEE

PHM 国际会议期间,这些数据在 FEMTO-ST 研究所与 IEEE 协会合作组织的"PHM 挑战"中使用[NEC 12,PHM 12]。

2.5 本章小结

在本章中,我们提出了一种可用于 PHM 应用的可靠、可开发的监测数据获取方法。重点描述了三个步骤:

(1) 关键元件的选择。在这个阶段,应确定分析重点放在哪个元件上,考虑预定义的目标(最小化不可用性、成本、安全性等),然后部署 PHM 方法。

(2) 监测物理参数的定义和拟安装传感器的选择。预测故障现象至少需要有监测这些现象的能力。因此,这一阶段的目标是为监测系统(要测量的物理参数和相关传感器)奠定基础。

(3) 数据的采集、存储和预处理。该步骤包括确定采集系统的技术特征(信号的类型和数量、采样频率、解调器的类型、数据缓冲区、采集软件等),定义存储格式和要做的预处理操作,以保证 PHM 算法所需的可靠和可利用数据。

请注意,这些基本上都是工程领域的任务,但是它们对 PHM 过程的成功至关重要。实际上,对组件、监测参数的糟糕选择,或采集系统的不规范会导致检测、诊断、预测和决策方面的偏差。此外,在复杂系统上实现这种方法并不容易。实际过程中,有几点应予以高度重视:

(1) 系统的结构和功能分解;
(2) 元件之间的交互作用;
(3) 识别和理解潜在的退化机制;
(4) 采集系统的选择;
(5) 工程实际的限制(尺寸,无法接近测量目标等);
(6) 其他方面。

总之,本章旨在说明如何生成表示关键元件退化现象的监测数据。在此基础上,可以考虑 PHM 算法的开发(诊断/预测/决策)。然而,为了达到这一目的,有必要赋予原始数据以意义,而这正是下一章的主题。

第 3 章　数据处理：从数据到健康指标

3.1 概　　述

本章介绍对安装在工业系统关键元件上传感器所提供监控数据的处理。由于这些数据通常隐含设备退化过程的相关信息，并不能在 PHM 中直接简单应用，因此有必要对它们进行处理，以挖掘它们的具体信息，并实时监测元件或系统的健康状态。为此，数据处理将考虑三个方面（图 3.1）：特征提取、特征选取与降维、构建健康指标。

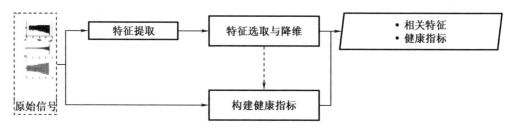

图 3.1　数据预处理

（1）特征提取。特征提取的目标是将原始信号转换为不同域（时域、频域和时频域）中的信号。这些新信号被称为特征，代表所研究元件或系统的退化动态，它们的提取需要对元件在使用过程中产生的物理现象（冲击、裂纹、应力等）有很好的先验知识。此外，这些提取的特征取决于它们的进一步用途，例如故障检测中使用的特征可能与故障诊断、预测不同。

（2）特征选取与降维。由于我们对退化现象不了解，经常会提取到不必要的特征，这使得特征的表示和可视化变得困难。为了规避这种情况，我们可以考虑两种策略：

①特征降维。特征降维是将特征投影到比原始空间更低维（一般为二维或三维）的空间中，同时保持最大的数据方差。使用诸如主成分分析（PCA）及其变体、奇异值分解、自组织映射方法等工具可以实现特征降维［BEN 15，MOS 13a］。这些转换后获得的特征有助于区分元件的不同退化阶段。

②特征选取。特征选取作为补充方法，还可以根据预定义的标准选择一组提取的特征。相关文献中提出了用于量化特征"充分性"的不同指标，特别是单调性、趋势性和"可预测性"［COB 09］。例如，特征通常是非线性的，因此很难及时推断它们的演化；在这种情况下，一种策略是仅保留实际可预测的特征，以保证故障预测的可持续性。使用这种方法可

以显著改善预测结果(RUL 的精确估计)[CAM 13,COB 11,JAV 13b,LIA 14,MOS 13a,WAN 12]。

(3)构建健康指标。健康指标是根据原始数据或提取的特征构建信号。在这两种情况下,它们的构建通常需要数据融合、过滤、残差提取等几个处理步骤,目的是获得具有足够信息的特征以表征元件的健康状态。

一些文献中有很多特征提取、特征选取、特征降维以及构建健康指标方面的内容[JAV 14a,KAR 09a,OCA 07,ZAR 07]。然而,很少有人处理所有步骤。

3.2 特征提取

3.2.1 映射方法

特征提取包括处理原始数据并构建可解释的指标(特征),或者至少包含足够的信息以支持检测、诊断和预测的算法,并对这些算法加以应用。特征提取方法的选择主要取决于数据的类型及其在应用上的考虑[JAR 06,YAN 08]。这些方法主要基于信号处理技术,并通常分为两类,具体取决于信号是否为平稳信号(图3.2)。

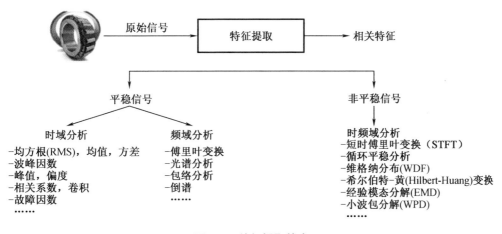

图 3.2 特征提取技术

(资料来源:[YAN 08],有改动)

平稳信号是静态的,特性不随时间变化而变化,因此两种特征提取方法,即时域信号处理和频域信号处理都可以使用。

非平稳信号的统计特性与时间有关,因此特征提取需要同时基于信号的时域和频域信息。

(1)时域分析。时域分析方法[HON 14a,KUR 06,LI 00a,STA 04,TAN 94,YAN 08]是

最传统且最容易实施的方法。这种方法从原始信号中提取均值、方差、均方根、峰值、偏度、波峰因数等时间特征。这种方法假设退化现象会导致信号统计参数的显著变化,因此经常用于故障检测,但其诊断和预测的效果较差。如果正常工况下的信号不是平稳信号,这种处理经常会产生误报警,同时噪声的存在也会降低检测准确率,所以时域分析并不利于早期故障检测。

（2）频域分析。频域分析侧重于信号在不同频率水平上的能量分析。在这种方法中,最常用的是傅里叶变换［JAR 06, YAN 08, YU 11］。这种方法结合关键元件的运行状况（速度、负载、几何形状等）,可以通过信号的频率特征检测和隔离故障。然而,这些分析都不适用于非平稳信号,但是在机理退化过程中基本都是非平稳信号的处理。

（3）时频分析。时频分析方法特别适用于非平稳信号的分析。最常见的方法是 STFT［ALL 77］、WDF［BOA 88, BOA 87］、EMD［GEO 14, HE 13, HUA 98b］、WPD［LI 97, NEW 94, OCA 07］和 Hilbert – Huang 变换［HUA 99b, HUA 05a, HUA 96, HUA 05b］。根据文献调研,EMD 和 WPD 已被广泛使用,特别是用于处理振动信号［CHE 12］。更具体地说,WPD 是一种成熟的方法,用于旋转机器的 PHM 应用［BEL 08, BEN 12, CHE 10, RAF 10, TOB 12b, ZAR 07］。此外,Hilbert – Huang 变换对于非平稳信号的分析非常有效,并能提供每个振动信号的三维表示(幅度、频率、时间)［HUA 99b, JIA 11, PEN 05］。

3.2.2 时域和频域特征

3.2.2.1 时域特征

提取的时域特征侧重于信号统计参数的计算。它们用于分类、检测和故障诊断。然而,它们在预测中可能会表现不佳,甚至可能无法使用。事实上,这些时域特征在发生故障前并没有表现出明显的变化。因此,故障只能在很晚的阶段被检测到,最终无法进行 RUL 估计、运行规划以及执行控制操作［JAV 15b, LIA 14］。最常见的时域特征如下：

(1)均值；

(2)均方根,对应于信号的平均能量；

(3)峰值,可以代表故障的大小；

(4)峰度,表征信号的脉冲；

(5)波峰因数,测量幅度的快速增加；

(6)偏度,用于评估元件的变化状态。

这些时域特征和相关数学公式列于表 3.1 中。其中一些典型参数的变化情况如图 3.3 所示。

表 3.1　时域特征和相关数学公式

特征	公式
平均值	$\frac{1}{N}\sum_{i=1}^{N}\lvert s_t(i)\rvert$
均方根	$\sqrt{\frac{1}{N}\sum_{i=1}^{N}s_t^2(i)}$
峰值	$\max(s_t)$
波峰因数	$\dfrac{\mathrm{VP}(s_t)}{\mathrm{RMS}(s_t)}$
偏度	$\frac{1}{N}\sum_{i=1}^{N}\left[\dfrac{s_t(i)-\bar{s}_t}{\sigma_s}\right]^3$
峰度	$\frac{1}{N}\sum_{i=1}^{N}\left[\dfrac{s_t(i)-\bar{s}_t}{\sigma_s}\right]^4$

注：s_t 代表原始信号；σ_s 代表信号的标准偏差；N 为在时刻 t 的记录点数，VP 为波形峰值。

3.2.2.2　频域特征

提取频域特征最普遍的方法是傅里叶变换，一般使用离散傅里叶变换和快速傅里叶变换（FFT）。由 N 个样本组成的采样信号 $s(n)$ 的离散傅里叶变换 $S(k)$ 可以表示为

$$S(k)=\sum_{n=0}^{N-1}s(n)\cdot \mathrm{e}^{-2i\pi k\frac{k}{N}},\quad 0\leqslant k\leqslant N \tag{3.1}$$

例如，在 Pronostia 平台上轴承振动信号的频谱如图 3.3 所示。

从频谱分析中获得的其他量可用于检测和定位故障。功率谱密度是傅里叶变换后模的平方 S 除以积分时间 T 的值。它表示信号在频域中的功率分布：

$$\varGamma_s=\frac{\lvert S\rvert^2}{T} \tag{3.2}$$

3.2.3　时频特征

正如上面提到的，在时频域分析中最受关注的四种方法分别是短时傅里叶变换、小波包分解、经验模态分解和希尔伯特–黄变换。

3.2.3.1　短时傅里叶变换

短时傅里叶变换适用于非平稳信号，它采用滑动窗口对信号进行截取，以此假设信号是平稳的，并利用傅里叶变换对信号进行处理，从而得到信号的频谱图，可以实现关键部件尤其是轴承的检测和故障诊断。但是，为了获得可靠的结果，正确选择滑动窗口的长度至关重要。图 3.4 给出了对 Pronostia 实验平台上的振动信号进行短时傅里叶变换获得的

结果。

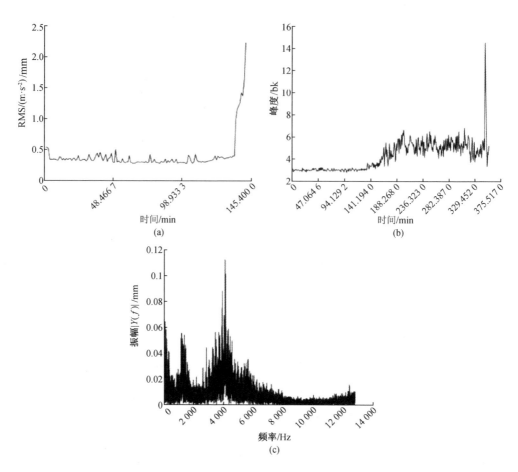

图 3.3 Pronostia 平台上振动信号的 RMS 值、峰度值和快速傅里叶变换频谱图

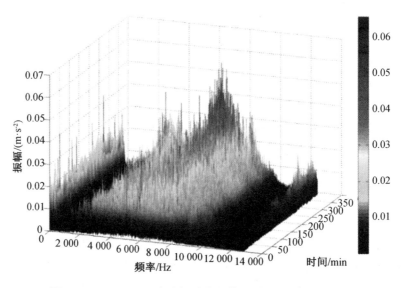

图 3.4 Pronostia 平台上振动信号的短时傅里叶变换结果

3.2.3.2 小波包分解

从系统退化过程中收集的信号是不稳定的,然而仍然可以从中获得其特征(时域和频域)的演变。小波变换旨在构建此类信号的时域/频域表示。然而,因为有无限数量的小波包,导致实际情况下可行性较差,所以一般使用小波包分解,其主要实现形式之一是多分辨率分析(MRA)[BEL 08, BEN 12, MAL 89, POL]。给定小波形状,MRA 涉及两个参数:

(1)尺度参数,在傅里叶变换中起到对应频率的作用,一个小尺度参数对应于高频。

(2)位移参数,在短时傅里叶变换中起到滑动窗口位置的作用,该参数与时间轴有关。

这些参数定义了信号的低通滤波器(LPF)和高通滤波器(HPF)。由 512 个样本组成的原始信号 RS,其频率范围为 $[0,\pi]$ rad/s。在第一个分解级别,信号通过 LPF 产生近似信号(A_1),然后通过 HPF 产生细节信号(D_1)。近似信号由一半的点(256)表征,而频率分辨率加倍,因为频带已减半($[0,\pi/2]$)。后者可以进一步截断(图 3.5)以构建 A_2 和 D_2,并且这个过程可以根据需要重复多次,使用 WPD 提取的特征对应于分解级别的能量系数,如图 3.6 所示。

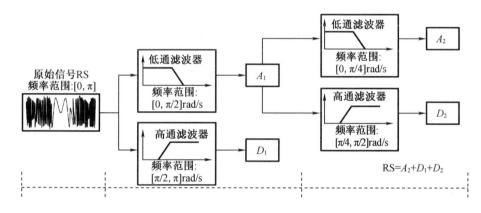

图 3.5 二阶小波包分解示意图

WPD 可用于检测和跟踪退化过程[WAN 96]。基于 WPD 的特征提取在检测和跟踪,尤其在轴承故障诊断方面给出了令人信服的结果[LI 97, OCA 07, TOB 11d, TOB 12b, YEN 99]。根据[ZAR 07],分解级别可以先验定义为

$$J_f \leqslant \log_2 \frac{F_S}{3F_d} - 1 \qquad (3.3)$$

式中 J_f——分解级别;

F_S——采样频率;

F_d——最大故障频率。

然而在实践中,这一文献提出的表达方式值得商榷。[BEN 12, BEN 15, DON 13, TOB 12b]等文献估计,分析轴承振动信号需要 4 级分解。

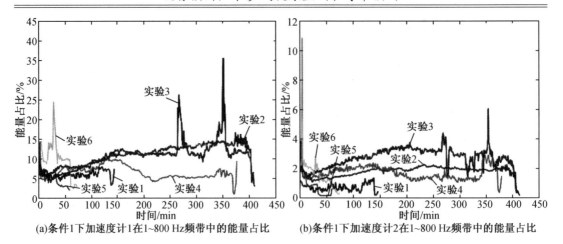

(a)条件1下加速度计1在1~800 Hz频带中的能量占比　　(b)条件1下加速度计2在1~800 Hz频带中的能量占比

图3.6　Pronostia 平台(垂直和水平加速度计)上振动信号的 WPD 结果(1~800 Hz)

3.2.3.3　经验模态分解

经验模态分解[GEO 14,HE 13,HUA 98b]包括将每个信号 $x(t)$ 分解为多个组分,称为本征模态函数(IMF),代表信号的简单振荡模式。一般来说,周期最小(高频)的分量被认为是第一个 IMF;然后根据它们的顺序分解具有最长周期(低频)的分量以获得下一个 IMF。这种方法可以通过仅保留相应的 IMF 来隔离包含缺陷的频带。此外,任何信号都可以通过添加不同的 IMF 来重建,因此可以通过消除噪声 IMF 来过滤信号。

IMF 应该是满足以下条件的函数:

(1)信号 $x(t)$ 的 IMF 互不相同;

(2)每个 IMF 都有相同数量的极值和零交叉点。每两个连续的零交叉点之间只存在一个极值;

(3)在信号 $x(t)$ 的所有值中,极值数和零交叉点数必须相等,或最多相差1;

(4)在每个时刻 t,由局部最大值定义的包络和由局部最小值定义的包络的平均值接近于零。

EMD 按以下四步分解信号 $x(t)$:

(1)识别所有局部最大值并通过三次曲线将它们彼此连接并形成上包络。

(2)对局部最小值重复上述过程构造下包络。上下包络必须覆盖所有信号数据。

(3)上下包络的平均值用 m_{10} 表示,由下式给出:

$$m_{10}(t) = [m_{up}(t) + m_{low}(t)]/2 \tag{3.4}$$

式中　$m_{up}(t)$——信号 $x(t)$ 的上包络;

　　　$m_{low}(t)$——信号 $x(t)$ 的下包络。

信号 $x(t)$ 和 m_{10} 之间的差异产生第一分量(IMF),表示为 p_{10}(图3.7和图3.8):

$$p_{10}(t) = x(t) - m_{10}(t) \tag{3.5}$$

如果 p_{10} 满足 IMF 的条件,则将其视为 $x(t)$ 的第一分量。

(4)如果 p_{10} 不满足 IMF 的条件,则将其视为初始信号,重复步骤(1)到步骤(3)。以 p_{11} 表示第二个分量,表达式为

$$p_{11}(t) = p_{10}(t) - m_{10}(t) \tag{3.6}$$

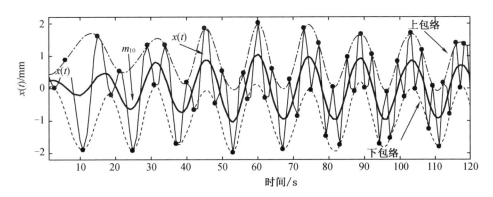

图 3.7 信号 $x(t)$ 及其上、下包络
(第一本征模态函数 迭代 0)

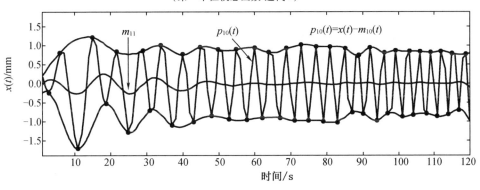

图 3.8 IMF1

上述四个步骤称为筛选。它一直重复到与 p_{1k} 对应的时刻 k，这样上下包络之间的平均值曲线在任何一点都接近于零，即

$$p_{1k}(t) = p_{1(k-1)}(t) - m_{1(k-1)}(t) \tag{3.7}$$

式中，$m_{1(k-1)}(t)$ 是信号 $p_{1(k-1)}(t)$ 的上、下包络平均值。

第一个分量（IMF）$c_1 = p_{1k}$ 表示信号 $x(t)$ 的最佳尺度或具有最小周期的分量。从 $x(t)$ 中提取 c_{1k} 产生第一个残差，表示为 r_2：

$$\begin{aligned} r_2(t) &= r_1(t) - c_1(t) \\ r_1(t) &= x(t) \end{aligned} \tag{3.8}$$

全局筛选过程对信号 r_1 重复 n 次，以获得多个分量。使用以下等式产生信号 $x(t)$ 的 n 个 IMF：

$$r_n(t) = r_{n-1}(t) - c_{n-1}(t) \tag{3.9}$$

当信号 r_n 变得单调时，就不能再提取 IMF 了。可利用式(3.8)和式(3.9)，使用以下表达式重建信号 $x(t)$：

$$x(t) = \sum_{j=1}^{n-1} c_j(t) + r_n(t) \tag{3.10}$$

其中最后一个分量 r_n 被视为残差，是信号 $x(t)$ 的平均趋势。

IMF 的提取过程如图 3.9 所示。从上到下涉及 IMF $c_1, c_2, \cdots, c_n$ 频带,这些频带彼此不同并且取决于原始信号 $x(t)$。

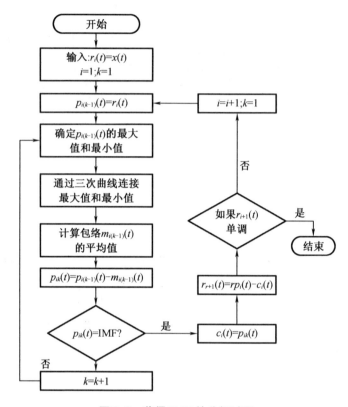

图 3.9 获得 IMF 的分解过程

图 3.10 所示是通过 EMD 分解后,从两个轴承中获得的残差数据,其中一个是健康轴承,另一个是故障轴承。

3.2.3.4 希尔伯特-黄变换

希尔伯特-黄变换[HUA 99b、HUA 05a、HUA 96]已被应用于不同领域,例如生物医学信号处理[HUA 98a、HUA 99a、LI 09b]、地球物理学[DAT 04、WAN 99、WU 99]、图像处理[NUN 03]、诊断[ANT 11、BOU 11、LU 07],但在 PHM 的应用中并不多。[SOU 14]等文献应用该方法提取相关特征和轴承健康状态监测。

希尔伯特-黄变换分两步进行:
(1)使用 EMD 分解信号。
(2)对 EMD 获得的每个 IMF 应用希尔伯特-黄变换,以提取原始信号的瞬时频率和幅度。

瞬时频率和幅度是计算边缘希尔伯特-黄谱所必需的。希尔伯特-黄变换的结果是信号在三个维度(幅度、频率、时间)的表示。

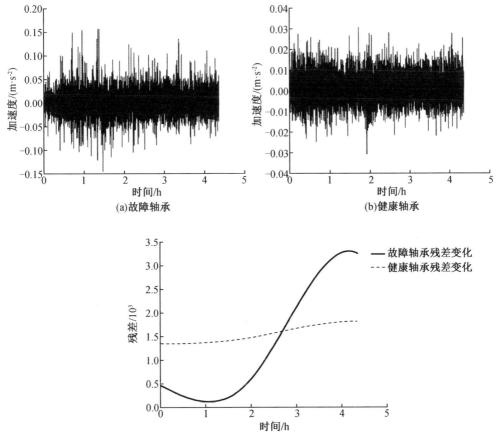

图 3.10 EMD 残差变化
（作为元件健康状态的函数）

用 $c_i^A(t)$ ($1 \leq i \leq n$) 表示的 IMF 解析形式定义如下：

$$c_i^A(t) = c_i(t) + jc_i^H(t) = a_i(t)e^{j\theta_i(t)}, \quad 1 \leq i \leq n \tag{3.11}$$

式中，$c_i^H(t)$ 是 IMF $c_i(t)$ 的希尔伯特变换，即

$$c_i^H(t) = \frac{1}{\pi} P \int \frac{c_i(s)}{t-s} ds \tag{3.12}$$

式中，P 是柯西主值。

用 IMF $c_i(t)$ 解析形式的极坐标，我们可以得到瞬时振幅 $a_i(t)$ 和瞬时相位 $\theta_i(t)$：

$$\begin{cases} a_i(t) = \sqrt{c_i^2 + c_i^{H2}} \\ \theta_i(t) = \arctan\left(\dfrac{c_i^H}{c_i}\right) \end{cases} \tag{3.13}$$

然后通过使用以下等式从瞬时相位 $\theta_i(t)$ 获得瞬时频率 $f_i(t)$：

$$f_i(t) = \frac{1}{2\pi} \frac{d\theta_i(t)}{dt} \tag{3.14}$$

最后，原始信号 $x(t)$ 可以表示为

$$x(t) = \text{Re} \sum_{i=1}^{n} a_i(t) \exp\left[j2\pi \int_0^T f_i(t) dt\right] \tag{3.15}$$

式中 Re——实部；

T——信号 $x(t)$ 的长度。

信号 $x(t)$ 由时频分布表示，它的希尔伯特变换定义为

$$H(f,t) = \sum_{i=1}^{n} H_i(f,t) = \sum_{i=1}^{n} a_i^2(f_i,t) \tag{3.16}$$

式中，$H_i(f,t)$ 对应于从信号 $x(t)$ 的第 i 个 IMF 获得的时频分布，$a_i(f,t)$ 结合了 IMF 的振幅 $a_i(t)$ 和瞬时频率 $f_i(t)$。

图 3.11 所示是利用希尔伯特 – 黄变换对 Pronostia 平台上收集的振动信号进行处理的示例。

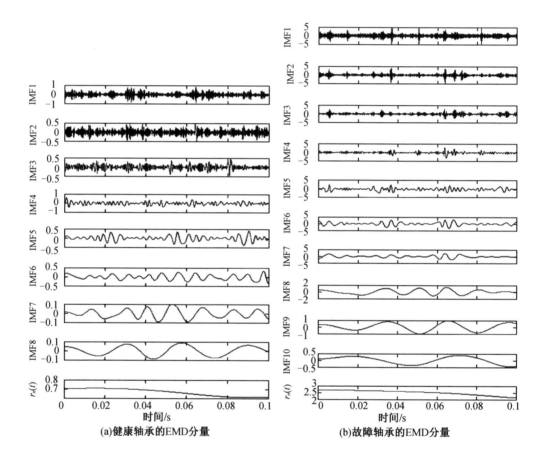

(a) 健康轴承的EMD分量　　(b) 故障轴承的EMD分量

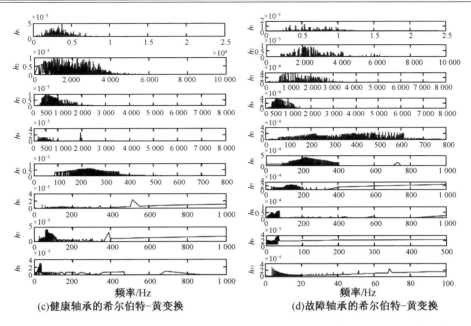

(c) 健康轴承的希尔伯特-黄变换　　　　　　(d) 故障轴承的希尔伯特-黄变换

图 3.11　利用希尔伯特-黄变换对 Pronostia 平台上收集的振动信号进行处理的示例

3.3　特征降维/选取

3.3.1　减少特征空间

特征降维的目的是只保留关键信息,即摆脱无关数据。因此,可以使用线性或非线性降维方法(图 3.12)将特征投影到低维(通常为二维或三维)空间中。成熟的方法有主成分分析(PCA)、核主成分分析(KPCA)等,用于度量特征映射[BEN 13,BEN 15,MOS 13a,MOS 14]。下面简要描述和说明这些方法。

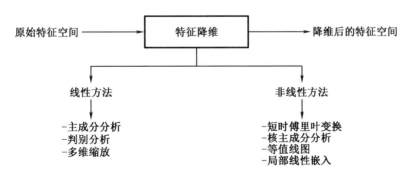

图 3.12　数据降维方法

3.3.1.1 PCA

PCA 是一种用于数据降维、可视化以及特征提取的线性降维方法［BIS 06，JOL 02］。它将需要降维的数据投影到一个由主成分形成的较小维度线性空间上，并使投影数据的方差最大化。设 X 是维度为 $M \times N$ 的数据（或特征）矩阵，其中 M 表示数据的长度，N 是特征向量的维度，$x_1, \cdots, x_N$ 是矩阵 X 的列向量。在 N 个向量构成的初始数据空间上进行特征处理（分类、聚类、回归等）的效果较差，因此，PCA 将特征投影到由 p 轴（主分量）形成的空间中（$p < N$），以便更好地可视化、处理和分析这些数据。下面介绍 PCA 的计算步骤：

(1) 计算列向量（特征）的均值 $u_i, i = 1, 2, \cdots, N$；
(2) 通过从对应的向量中减去平均值来使特征中心化，即 $x_i - u_i, i = 1, 2, \cdots, N$；
(3) 计算中心特征矩阵的协方差矩阵 S，协方差矩阵的维数为 $N \times N$；
(4) 计算得到的协方差矩阵的特征值 $\lambda_i, i = 1, 2, \cdots, N$ 以及特征向量 $v_i, i = 1, 2, \cdots, N$；
(5) 将得到的特征值按降序排序（特征值由大到小排列）；

(6) 保留特征值最大的 p 个特征向量，使得期望的方差大于或等于 $\dfrac{\sum_{i=1}^{p} \lambda_i}{\sum_{i=1}^{N} \lambda_i}$。实际计算中，最小保留方差为 75%。

(7) 对保留的特征向量进行归一化，使它们的范数等于 1。得到的归一向量 $u_i = \dfrac{v_i}{\sqrt{N\lambda_i}}, i, \cdots, p$，表示主成分，形成一个新的数据投影空间（新的特征空间）。

图 3.13 所示是利用 PCA 变换对 Pronostia 平台上的数据降维。

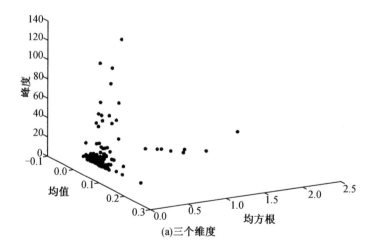

(a) 三个维度

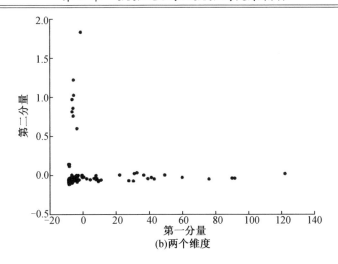

图 3.13 利用 PCA 变换对 Pronostia 平台上的数据降维

3.3.1.2 KPCA

当数据呈现非线性结构时,其在原始特征空间或降维空间中的处理会使结果不确定。但是,可以寻找非线性变换 φ,将数据投影到更大维度的空间(重新构建的空间)上,并在此空间上进行数据处理(分区、分类、投影等)。因此,每个数据 x_i 都被转换为 $\varphi(x_i)$,然后在新空间中再利用 PCA,这相当于在原始特征空间中执行非线性的 PCA 计算[BIS 06]。该原理如图 3.14 所示,原始数据[图 3.14(a)]被投影到重新构建的空间[图 3.14(b)],新空间中的直线代表变换数据的线性投影,对应于原始空间中的非线性投影。

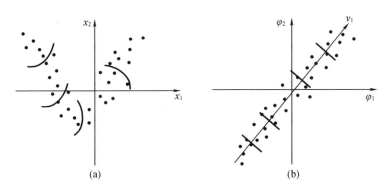

图 3.14 KPCA 原理[BIS 06]

非线性变换函数 φ 不容易找到,重构空间中的计算[通常是标量积 $\langle \varphi(\boldsymbol{x}_i), \varphi(\boldsymbol{x}_j) \rangle$]很难或不可能执行。为了克服这个困难,我们采用了所谓的"核技巧"[BIS 06]。

"核函数"概念由 Aizermann 等人于 1964 年引入[AIZ 64]。它因 Boser 等人在支持向量机(SVM)上的研究应用而被广泛熟知[BOS 92]。它使用连续的、对称的和半正定的核函数 $k(x,y)$ 代替标量积进行计算,使得 $k(\boldsymbol{x}_i, \boldsymbol{x}_j) = \langle \varphi(\boldsymbol{x}_i), \varphi(\boldsymbol{x}_j) \rangle$。通过计算核函数使其等同于在重新构建的空间中执行标量积计算,此计算等价的证明已由 Mercer 定理公式化

[MER 09]。最常见的核函数如下。

线性核函数：
$$k(\boldsymbol{x}_i, \boldsymbol{x}_j) = \boldsymbol{x}_i^\mathrm{T} \boldsymbol{x}_j$$

多项式核函数：
$$k(\boldsymbol{x}_i, \boldsymbol{x}_j) = (\boldsymbol{x}_i^\mathrm{T} \boldsymbol{x}_j + c)^d$$

式中，c 是一个实数，d 是一个整数。

高斯核函数：
$$k(\boldsymbol{x}_i, \boldsymbol{x}_j) = \exp\left(-\frac{\|\boldsymbol{x}_i - \boldsymbol{x}_j\|^2}{2\sigma^2}\right)$$

式中，σ 是一个实常数。

令数据（特征）矩阵由 M 行（观测值）和 N 列（特征）组成。用核函数代替非线性变换的过程如下（图 3.15）。

（1）选择核函数（线性核函数、多项式核函数或高斯核函数）。

（2）计算核矩阵，称为格拉姆（Gram）矩阵 $\boldsymbol{K}$，维度为 $N \times N$，其中 $\boldsymbol{K}(i,j) = \boldsymbol{K}(\boldsymbol{x}_i, \boldsymbol{x}_j)$。

（3）对得到的核矩阵使用算法处理（分类、回归、PCA 等）。这个核矩阵上进行的处理相当于在重构特征空间中进行线性处理，而重构特征空间又相当于原始特征空间中的非线性处理。

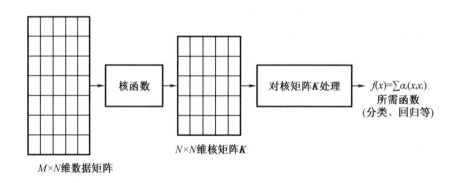

图 3.15 "核技巧"流程

核主成分分析法使用"核技巧"来找到我们在重构特征空间中转换数据的主成分。下面介绍核主成分分析法的计算步骤：

（1）将矩阵 $\boldsymbol{X}$ 的数据中心化；

（2）选择核函数 $k(\boldsymbol{x}, \boldsymbol{y})$，一般为多项式核函数或高斯核函数；

（3）计算 Gram 矩阵 $\boldsymbol{K}$，其中 $\boldsymbol{K}(i,j) = \boldsymbol{K}(\boldsymbol{x}_i, \boldsymbol{x}_j)$；

（4）计算修改后的 Gram 矩阵，$\widetilde{\boldsymbol{K}} = \boldsymbol{K} - \boldsymbol{I}_N \boldsymbol{K} - \boldsymbol{K} \boldsymbol{I}_N + \boldsymbol{I}_N \boldsymbol{K} \boldsymbol{I}_N$，其中 $\boldsymbol{I}_N$ 是一个所有元素都等于 $1/N$ 的矩阵；

（5）计算矩阵 $\boldsymbol{K}$ 的特征值 $\lambda_i, i = 1, 2, \cdots, N$，以及特征向量 $\boldsymbol{v}_i, i = 1, 2, \cdots, N$；

（6）将得到的特征值按降序（从最大值到最小值）排列；

(7) 保留具有最大特征值的 p 个特征向量,使得期望的方差大于或等于 $\dfrac{\sum_{i=1}^{p}\lambda_i}{\sum_{i=1}^{N}\lambda_i}$;

(8) 归一化 p 个保留的特征向量,$\boldsymbol{u}_i = \dfrac{1}{\sqrt{N\lambda_i}}\boldsymbol{v}_i, i = 1, 2, \cdots, p$;

(9) 将数据投影到赋范向量上。

图 3.16 所示是利用 KPCA 对 Pronostia 平台上的数据进行降维处理。

3.3.1.3 等度量特征映射(Isomap)

Isomap 是一种将数据形成的多样性空间(局部欧几里得拓扑空间)投影到保留测地线距离空间上的降维方法[TEN 00]。Isomap 把特征矩阵 $\boldsymbol{X}$ 的每对点(M 个观测特征)之间的距离 $d_x(j,i)$ 作为输入,并返回向量分量 $y_p, p = 1, 2, \cdots, P, P < N$,形成一个降维空间。

Isomap 算法包括三个步骤[TEN 00],如图 3.17 所示。

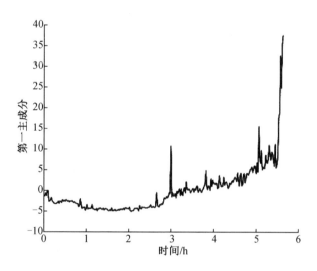

图 3.16　利用 KPCA 对 Pronostia 平台上的数据进行降维处理

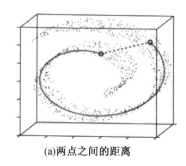
(a)两点之间的距离

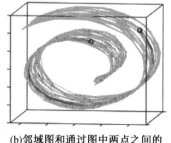
(b)邻域图和通过图中两点之间的最短路径近似测地线距离

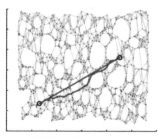
(c)将数据投影到二维空间(测地线距离由直线近似)

图 3.17　Isomap 步骤的说明[TEN 00]

(1) 构建邻域图:如果 i 是 k 个最近邻 j 之一,则通过连接点 i 和 j 从数据上构建图 G,点 i 和点 j 之间的边长等于 $d_X(i,j)$。

(2) 计算矩阵 $\boldsymbol{D}_G = \{d_G(i,j)\}$,其中 $d_G(i,j)$ 表示点 i 和点 j 之间的最短路径距离。

(3) 构造降维的投影空间,通过下述操作实现这一目的:

① 计算矩阵 $\boldsymbol{\tau}_G = \dfrac{HSH}{2}$,其中 $\boldsymbol{S}(S_{ij} = D_{ij}^2)$ 是距离矩阵,$\boldsymbol{H} = \delta_{ij} - \dfrac{1}{M}$ 是中心矩阵,其中 δ_{ij} 表示克罗内克(Kronecker)函数 $\delta_{ij} = \begin{cases} 1, i=j \\ 0, i \neq j \end{cases}$。

② 计算特征值并按降序排列 $\lambda_n, n=1,2,\cdots,N$。

③ 保留 p 个最重要的特征值及其相应的特征向量。

④ 使用以下公式计算形成降维(维度 p)的投影空间向量:$y_p^i = \sqrt{\lambda_p} \boldsymbol{y}_p^2$,其中 y_p^i 是向量 $\boldsymbol{y}_p$ 的第 i 个分量,λ_p 是第 i 个特征值,v_p^i 是第 i 个特征值 $\boldsymbol{v}_p$ 的分量。

需要注意的是,Isomap 方法涉及两个参数:

⑤ k:包含邻域球体的邻域数或半径 r;

⑥ d:要保留的重要特征值数量,即投影空间的维度。

Isomap 方法已成功应用于"PHM 挑战 2010"中关于刀具磨损的数据以及来自 Pronostia 平台的数据降维处理[PHM 10,BEN 13,BEN 15](图 3.18)。

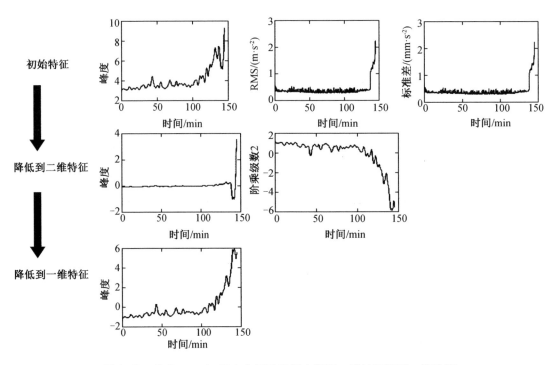

图 3.18 从 Pronostia 平台上振动数据中提取二维特征降到一维特征

3.3.2 特征选取

3.3.2.1 可预测性特征

正如我们在上面注意到的,留下一些预测模型无法使用的特征是没有用的。换句话说,除了能够表征退化现象之外,我们必须能够预测一个特征,否则将无法估计剩余使用寿命。因此,在实践中特征提取和选择的步骤是与预测步骤相关的。下面提出一种选择保留实际可预测特征的方法。

可预测性是一个尚未达成广泛共识的概念,一般来说它与"通过利用过去的信息对未来做出良好预测的能力"有关。文献[ABB 06]中提出了一些指标,但它们仅适用于特定研究领域[DIE 01,WAN 08],或仅适用于短期预测(一步预测)[DUA 02,KAB 99,TEO 08]。一方面,可预测性不一定是一个固定的度量,它可以根据预测范围设定变量;另一方面,可预测性不能被视为一种绝对的衡量标准,而是取决于预测误差容忍程度,即关于预测性能的要求。它可以定义如下[图3.19(a)]。

可预测性是数据序列 TS 被模型 M 预测的能力,该模型在时间范围 H 内以最小的性能水平 L 生成预测:

$$\text{Pred}(\text{TS}/M,H,L) = e^{-\left|\ln\left(\frac{1}{2}\frac{\text{MFE}_{\text{TS}/M}^H}{L}\right)\right|} \tag{3.17}$$

$$\text{MFE}_{\text{TS}/M}^H = \frac{1}{H}\sum_{i=1}^{H} e_i = \frac{1}{H}\sum_{i=1}^{H}(M^i - \text{TS}^i) \tag{3.18}$$

式中,MFE 表示真实数据 TS 与模型 M 预测值之间的平均预测误差。可预测性呈指数形式变化[图3.19(b)],MFE 越小,可预测性越大(最大为1.0)。当可预测值在0.5和1.0之间时,认为数据序列 TS 是可预测的。

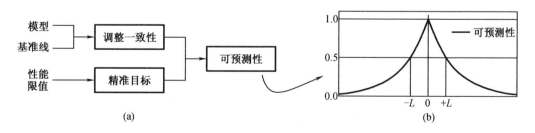

图 3.19 可预测性的概念

3.3.2.2 通过可预测性选取特征

考虑到前面的描述,特征降维和选择可以通过只考虑那些实际上可以被预测的特征来完成,所需的步骤如图3.20所示。给定一组提取的特征 $F_i, i=1,2,\cdots,n$ 和潜在的预测模型 $M_j, j=1,2,\cdots,M$,该方法旨在选择用于预测的 F_i/M_j。依据这种想法,特征提取、选择和预测必须联合进行。

3.3.2.3 应用与讨论

(1)测试数据。让我们参考在第一届国际 IEEE PHM 会议(2008年)期间提出的真实 PHM 应用程序。可用数据是关于涡轮推进器的退化,它们是通过模拟基于不同初始条件的发动机运行所产生的数据[通过商业模块化航空推进系统模拟(C – MAPSS),图 3.21][NAS,SAX 08b]。对于每个模拟结果,其数据由 26 个噪声时间变量(特征)组成,与故障前时间相关。在这 26 个特征中,8 个被保留用于可预测性分析[RAM 10],见表 3.2。

(2)特征选择方法的性能。我们量化了上述 8 个特征的可预测性(用 $\{F_1 \sim F_8\}$ 表示)。根据图 3.20,我们使用两种工具构建了一组预测模型:

人工神经网络(ANN),其参数由莱文贝格 – 马夸特(Levenberg – Marquardt)算法(LM 算法)识别[HAG 94];

[JAN 95]中提出的自适应神经模糊推理系统(ANFIS)。

表 3.3 给出了涡轮发动机的两种预测模型的参数设置。

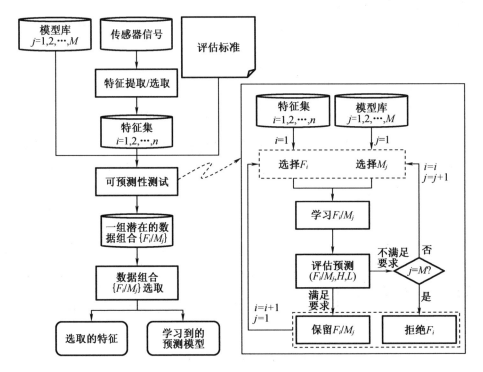

图 3.20 选取可预测的特征

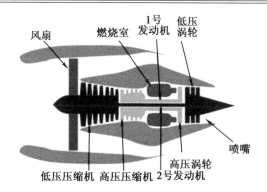

图 3.21　涡轮推进器[FRE 07]

表 3.2　C-MAPSS 特征

特征序号	特征	单位
2	低压压缩机温度	°R
3	高压压缩机温度	°R
4	低压涡轮温度	°R
8	旋转速度	r/min
11	高压压缩机静压力	psi
13	修正转速	r/min
15	分流比(空气)	—
17	排汽焓	—

注：$1°R = \dfrac{9}{5}K$，$1\ psi = 6.894\ 76 \times 10^3\ Pa$。

表 3.3　涡轮发动机的两种预测模型的参数设置

人工神经网络	参数设置
# 层中的神经元——输入/隐藏/输出	3/5/1
层激活函数——隐藏层/输出层	Sigmoid/线性
学习算法	Levenberg–Marquardt
自适应神经模糊推理系统	参数设置
# 层中的神经元——输入/输出	3/1
隶属函数的数量/类型	3/Pi 型
# 模糊推理系统的规则/类型	27/一阶 Sugeno
学习算法	混合模型：DG + MCR

模拟预测是基于"train FD001.txt"进行的，该文件包含 45 个涡轮反应器的寿命数据，其中 40 个用于机器学习，5 个用于预测模型测试。对于每一对"特征/模型"，在每个预测范围 H 内进行预测。图 3.22 给出了一个例子的结果，其中：

图 3.22(a)为特征 F_5 测试序列的预测结果；

图 3.22(b)为时间序列的预测结果。

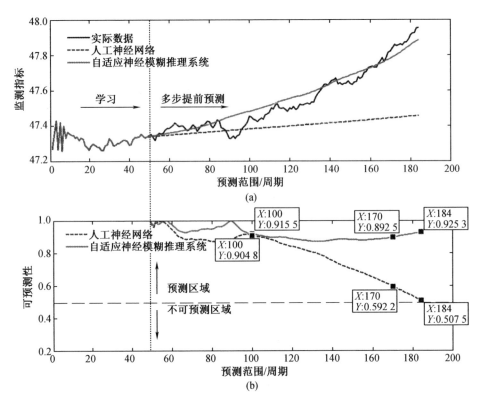

图 3.22 涡轮发动机特征 F_5 测试序列与时间序列的预测结果与相关的可预测性

在这种情况下,我们不对预测方法的性能进行比较。但很明显,使用自适应神经模糊推理系统方法比使用人工神经网络方法更容易对特征 F_5 进行预测。

表 3.4 显示了从 F_1 到 F_8 的特征集(在 $H=\{50,120,134\}$)获得的结果。图 3.23 给出了 $H=134$ 的预测范围内各个特征的可预测性。无论预测范围和选择的方法(ANFIS,ANN),特征 F_2 和 F_3 都表现出非常糟糕的结果,因此在预测过程中应该删除它们。

表 3.4 涡轮发动机 $\{F_1 \sim F_8\}$ 的特征可预测性

特征	方法	$H=50$	$H=120$	$H=134$
F_1	ANFIS	0.934 0	0.606 0	0.504 0
	ANN	0.770 0	0.762 0	0.617 3
F_2	ANFIS	0.005 0	0.000 2	4.8e−05
	ANN	0.017 0	9.0e−06	4.6e−07
F_3	ANFIS	0.002 5	0.002 5	5.2e−05
	ANN	0.002 3	2.6e−14	3.09e−17
F_4	ANFIS	0.965 0	0.870 0	0.841 0
	ANN	0.982 0	0.876 0	0.840 0

表 3.4(续)

特征	方法	$H=50$	$H=120$	$H=134$
F_5	ANFIS	0.915 0	0.892 5	0.925 0
	ANN	0.904 0	0.592 0	0.507 0
F_6	ANFIS	0.943 0	0.990 8	0.957 0
	ANN	0.947 0	0.995 0	0.963 0
F_7	ANFIS	0.993 0	0.927 0	0.904 0
	ANN	0.966 0	0.907 0	0.888 0
F_8	ANFIS	0.187 0	0.540 0	0.888 0
	ANN	0.970 0	0.637 0	0.360 0

(3)该方法在预测上的影响。通过上一节内容分析,排除特征 F_2 和 F_3,保留可预测的特征 $\{F_1;F_4 \sim F_8\}$,现在我们检验这个结论的有效性。为此,我们通过使用 ANFIS 来估计每个测试序列的 RUL。在模拟过程中,涡轮推进器应该经历四类功能状态:正常、退化、临时故障和故障,这些状态是通过模糊 C 均值(FCM)算法[BEZ 81]学习的;但这不是本章表达的目的。RUL 定义为从过渡状态变为故障状态之前的时间。图 3.24(a)所示为考虑所有特征集 $\{F_1 \sim F_8\}$ 预测情况,图 3.24(b)所示为考虑可预测特征 $\{F_1;F_4 \sim F_8\}$ 预测情况。结果表明,在只考虑预测特征的情况下,剩余使用寿命估计显然要精确得多。如表 3.5 所示,从这组测试中同样可以得出相同的结论。综上研究,基于可预测性的特征选择方法被证明与预测相关。

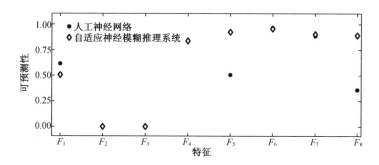

图 3.23 $H=134$ 情况下特征的可预测性

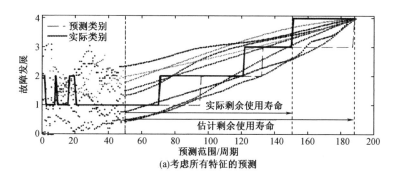

(a)考虑所有特征的预测

图 3.24 测试序列的剩余使用寿命估计

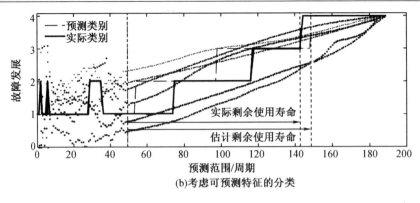

(b)考虑可预测特征的分类

图 3.24（续）

表 3.5 自适应神经模糊推理系统预测剩余使用寿命的错误率　　　　　　　　单位：%

测试顺序	所有特征	可预测性特征
1	7.096	0.636
2	11.830	1.898
3	24.340	1.265
4	15.950	0.621
5	1.324	0.632
平均错误率	12.100	1.010

3.4 健康指标的构建

3.4.1 基于希尔伯特-黄变换的方法

PHM 方法的开发是基于特征随时间的变化可以明显反映退化过程的假设。然而，这些特征很难清晰地反映退化的演变，它们很难被很好地利用。因此，我们的目标是构建一种最通用的健康指标方法。通过 EMD 获得的指标是时域信息，其频域信息并不明确。因此，在某些应用中，例如轴承或齿轮，这些指标在故障退化和实时监测方面效果较差。为了解决这个问题，Soualhi 等人建议使用希尔伯特谱密度作为健康指标加以应用[SOU 14]。用这种方法获得的指标可以对 EMD 产生的 IMF 进行局部谱分析。这种方式有以下三种作用：

（1）通过将瞬时频率与故障特征进行比较，检测退化开始瞬间；

（2）定位导致退化的故障部件；

（3）通过监测每个特征频率的希尔伯特谱密度变化，跟踪退化的演变。

3.4.2 方法描述及说明

利用希尔伯特-黄变换构建健康指标的方法步骤如图 3.25 所示。

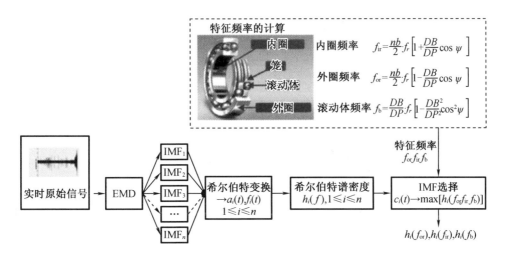

nb—旋转频率；DB—滚珠直径；DP—轴承的节圆直径；Ψ—接触角；$f_i(t)$—IMF_i的连续时间信号；
$a_i(t)$—IMF_i希尔伯特变换后解析信号的包络；$c_i(t)$—IMF_i的希尔伯特谱；f_r—转动频率。

图 3.25　基于希尔伯特-黄变换构建健康指标的方法步骤

(1) 原始信号：这里是对历史数据进行截取和快照。
(2) EMD：对原始信号 EMD 分解获得多个 IMF，每个 IMF 的数据长度与原始信号相同。
(3) 希尔伯特变换：对每个提取的 IMF 进行希尔伯特变换。
(4) 希尔伯特谱密度：计算每个 IMF 希尔伯特谱密度。
(5) IMF 选择：选择在故障特征频率附近最大化希尔伯特谱密度的 IMF（对于每个给定频率仅选择一个 IMF）。这将得到：
① 至少一个 IMF（所有特征频率都相同）；
② 最多三个 IMF（每个特征频率一个）。
每个保留的 IMF 值被认为是健康指标值，一共会得到三个指标（每个特征频率一个）。

图 3.26 举例说明了选择 IMF 的原则。在该图中，保留了编号为 6 的 IMF，因为其特征频率周围的希尔伯特谱密度最大。图 3.27 所示是利用希尔伯特-黄变换获得的健康指标。

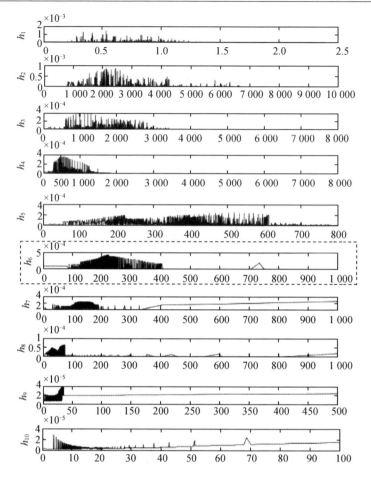

图 3.26 选择 IMF 的原则

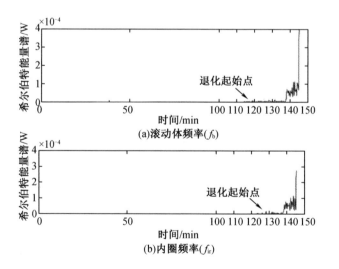

图 3.27 使用希尔伯特-黄变换获得的健康指标

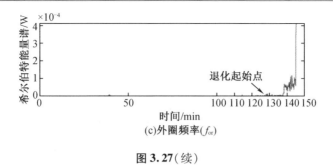

(c)外圈频率(f_{or})

图 3.27（续）

3.5 本章小结

PHM 需要将原始数据转化为有用的信息，由测量的物理量(温度、振动等)构建退化指标(特征)，这样才可能在每个时刻估计和预测系统的健康状态。在此背景下，本章涉及用于特征提取的监测数据处理、健康指标特征提取以及构建健康指标体系，解决了三个互补的方面：

(1)特征提取。我们可以考虑采用不同的方法来提取对 PHM 有用的特征。时域和频域中的方法实施起来相对简单，可以生成对检测过程甚至诊断有用的特征。然而，它们的适用性受限于故障预测。时频域中的其他方法比它们更受欢迎，例如 WPD、EMD 或希尔伯特-黄变换。后者提供了非常准确的分析水平、早期漂移检测，并且它们更适合于退化现象的渐进式表示(预测中的一个必要方面)。

(2)特征降维/选取。提取的特征通常太多而无法被充分利用，因此可以使用特征空间降维的方法，例如 PCA、KPCA 或 Isomap。这些方法旨在仅保留携带有用信息的基本特征，因此它们可以丢弃冗余特征，否则会使数据解释变得困难或冗长。请注意，也可以根据预定义的标准(例如"可预测性")选择特征子集。

(3)构建健康指标。最后一个处理方面旨在通过构建特征指标来促进 PHM 过程，这些特征单独揭示被监测对象的健康状态及其退化演变。换句话说，健康指标的构建是一个产生具有单调行为特征的过程，即对于健康成分它们基本上是恒定的，对于退化成分它们具有单调的增加或减少的趋势。这些健康指标可以从提取和选取的特征中获得，甚至可以直接从原始信号中获得。

在实践中，数据处理的一个主要难点与在 PHM 过程中实际有用的特征识别有关。首先，虽然保留的特征通常与退化相关，但它们的因果关系并不明确，对构建的指标物理意义解释性也较差。其次，特征提取不是整个 PHM 过程的最后一步，它们必须与后处理(故障检测、故障诊断和预测)相适应。这些就是解决与健康状态评估、故障预测相关的 PHM 子过程，这些子过程将在接下来的两章中介绍。

第4章 健康状态评估,剩余使用寿命预测——第一部分

4.1 概　　述

实现基于数据的预测方法需要系统配备传感器(第2章),以便实时收集原始数据,从而监测系统的演变,然后对这些数据进行预处理以提取和选择能够表征系统退化的特征(第3章)。这些特征一方面用于构建预测行为的模型,另一方面用于构建评估系统的状态模型。此外,尽管在文献中没有系统地明确,但是可以将预测视为两个主要过程的组合:预测过程和分类过程(图4.1)。简而言之,预测方法的目标,一是预测特征在某种情况下的演变,然后通过分类识别系统的状态;二是通过分类识别当前状态,然后预测其演变(预测状态或持续时间),这种预测方法将在第5章中讨论。

(1)特征预测:针对预测模型的性能指标,可以提出一个核心问题,即这种系统的功能是逼近和预测设备退化的过程。换句话说,一个预测模型必须能够根据当前情况预测后续每个时刻的情况。因此,决策者需要一些关于设备演变的指标,也需要将置信度与这些指标相关联,也即需要量化每个时刻的预测误差。这些方面将在4.2节中讨论。

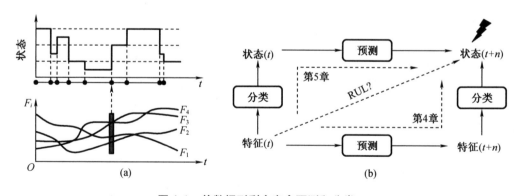

图4.1　从数据到剩余寿命预测和分类

(2)状态分类:分类后可以确定设备的运行状态,然后确定其剩余使用寿命。状态分类至少需要考虑以下两个方面:首先,由于状态之间的界限是模糊甚至未知的,因此有必要构建能够适应可用数据的缺陷或不完整性的分类器,并在观察到这些状态后立即学习新状态。其次,由于预测的不确定性,还需要引入运行状态之间的隶属度分级概念。事实上,状

态分类步骤会导致模棱两可的情况。我们将在4.3节中讨论这些关键问题。

基于这些预测和分类过程,可以近似使该模型逼近一个函数,这个函数在输入向量的基础上定义输出向量。一般来说,这个函数是未知的,它需要被识别出来。因此,PHM开发人员通常基于以下假设:测量信息(输入/输出)构成了理解退化现象最主要和最可靠的信息来源[HUA 07]。此外,机器学习的方法特别令人感兴趣:它们的优势在于能够学习(从示例中)和捕捉数据之间的微妙关系,即使这些关系未知或者难以描述。在这个领域内,自适应系统,如神经网络和模糊神经网络,在预测应用中取得了良好的性能[AKA 13,BAR 13c,CHI 04,DE 99,EL 08,GOU 12,HUA 07,MAH 10,MAS 10,RAM 10,SAM 09,WAN 01,WAN 07,WAN 04,YAM 01,ZEM 10]。本章讨论的内容也主要基于这些类型的方法。

4.2 利用神经网络进行特征预测

4.2.1 长期神经网络预测系统

神经网络或模糊神经网络之类的方法因为具有拟合非线性信号的能力,已被大量应用于预测场景。然而,许多工作只涉及短期预测,目前不能进行长期预测。事实上,可以使用不同的系统拓扑和学习过程进行预测,系统所达到的性能与这些拓扑的类型密切相关。此外,虽然定义如何构建高效的预测系统(其性能取决于处理数据的性质)并不简单,但仍有一些主要趋势需要识别和分析。本节主要讨论如何将长期预测形式化。

4.2.1.1 逼近和学习——形式化

联结系统例如神经网络和模糊神经网络是旨在模拟输入输出函数的通用逼近器。这种系统通过学习与训练来识别状态。考虑一组输入数据 X、一组输出数据 Y 和一个表示输入输出规律的实函数 $\Gamma(\cdot)$:

$$Y = \Gamma(X) \tag{4.1}$$

逼近器是用来估计输出集 $\hat{Y}$ 的,因此,实函数 $\Gamma(\cdot)$ 可以近似为

$$\hat{Y} = \hat{\Gamma}(X) \tag{4.2}$$

这个估计的规律 $\hat{\Gamma}(\cdot)$ 是通过学习阶段获得的。假设 $\hat{\Gamma}(\cdot)$ 可以表示为结构 $f(\cdot)$ 和一组参数 $[\theta]$ 的组合,两者都使用学习算法 $La(\cdot)$ 估计,使残差 $Y - \hat{Y}$ 趋向于零向量。

$$\{f,[\theta]\} \leftarrow La(X,Y); \hat{\Gamma}(\cdot) = f([\theta]) \tag{4.3}$$

估计了输入输出规律后,近似函数最终可以表示为

$$\hat{Y} = f(X,[\theta]) \tag{4.4}$$

4.2.1.2 长期预测适应

假设输入数据集是从数据 $S_t = \{x_1, x_2, \cdots, x_t\}$ 的时间序列中提取的。长期预测(以下用

"msp"表示,表示"多步提前预测")是估计数据序列 $\hat{X}_{t+1\to t+H}$ 的一组未来值。根据等式(4.2),该未来值可以近似表述为

$$\hat{X}_{t+1\to t+H} = \hat{\mathrm{msp}}(\boldsymbol{X}_t) \tag{4.5}$$

式中,$\boldsymbol{X}_t \in S_t$ 是一组回归量(如 $\boldsymbol{X}_t = [x_t, x_{t-1}, x_{t-2}]$)。

可以通过不同的方式,使用不同的连接工具(结构+学习算法)获得长期预测方法 $\hat{\mathrm{msp}}$。例如,考虑图4.2(a),在图中,n 个结点是全局逼近所必需的。它们中的每一个都有自己的一组输入 $\boldsymbol{X}^i$,可以由来自数据序列的回归量组成以进行预测,或者由另一个工具(或两者)估计的值组成。全局逼近是局部函数输出的组合:

$$\hat{X}_{t+1\to t+H} \in \hat{\boldsymbol{Y}}^1 \cup \hat{\boldsymbol{Y}}^2 \cup \cdots \cup \hat{\boldsymbol{Y}}^n \tag{4.6}$$

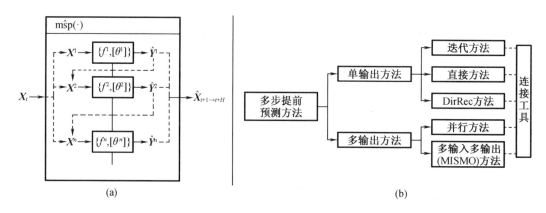

图4.2 长期预测方法的表示和分类[GOU 12]

构建长期预测系统是一个非常灵活的过程。此外,预测性能受不同因素的影响,如回归器集 $\boldsymbol{X}_t$ 的大小、最终预测范围 H、数据序列的性质、结构类型和连接工具的学习过程等,接下来会详细介绍和讨论这些影响因素。

4.2.1.3 长期预测的分类

使用连接工具的长期预测方法可分为两类[BE 10]:基于单输出工具(迭代方法、直接方法、DirRec方法)组合的方法和需要多输出工具的方法(并行方法、MISMO方法)。图4.3给出了分类的说明和每一种方法的图形表示。

(1)迭代方法。这是一种最常见的方法,由一个简单的连接工具组成,进行参数化以预测一步 $\hat{X}_{t+1}$。预测值用作估计下一步预测的回归量,依此类推,直到达到所需的长度 $\hat{X}_{t+H}$。这种方法实现起来最简单,但是可能会受到错误传播的影响。

$$\hat{X}_{t+h} = \begin{cases} f^1(x_t, \cdots, x_{t+1-p}, [\theta^1]), h = 1 \\ f^1(\hat{x}_{t+h-1}, \cdots, \hat{x}_{t+1}, \hat{x}_t, \cdots, \hat{x}_{t+h-p}, [\theta^1]), h \in \{2, \cdots, p\} \\ f^1(\hat{x}_{t+h-1}, \cdots, \hat{x}_{t+h-p}, [\theta^1]), h \in \{p+1, \cdots, H\} \end{cases} \tag{4.7}$$

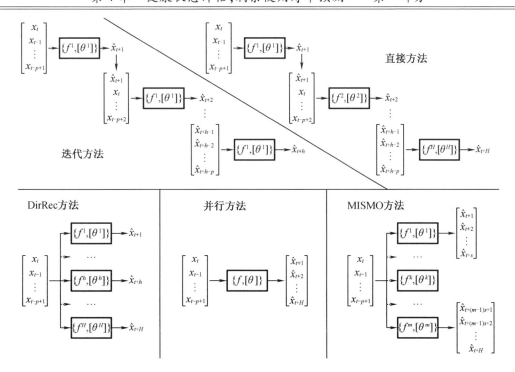

图 4.3 长期预测方法示意图[GOU 12]

(2) 直接方法。这种方法是参数化的工具组合,用于预测 $\hat{X}_{t+h}, h \in [1, H]$。所有预测器都使用相同的输入集,因此每个工具都只在自己的预测范围内使用。但是由于这个原因,变量之间的时间依赖性丢失了。此外,这种方法的实施也并不容易[CHE 08b]。

$$\begin{cases} \hat{x}_{t+1} = f^1(x_t, x_{t-1}, \cdots, x_{t+1-p}, [\theta^1]) \\ \cdots \\ \hat{x}_{t+h} = f^h(x_t, x_{t-1}, \cdots, x_{t+1-p}, [\theta^h]) \\ \cdots \\ \hat{x}_{t+H} = f^h(x_t, x_{t-1}, \cdots, x_{t+1-p}, [\theta^H]) \end{cases} \tag{4.8}$$

(3) DirRec 方法。这种方法是由[SOR 06b]引入的。它与迭代方法非常相似,不同之处在于每个预测步骤由不同的预测器处理。因此每个工具 ($\{f^1, [\theta^1]\}, \{f^2, [\theta^2]\}, \cdots$) 必须依次进行参数化。根据[TRA 09],尽管预测变量有重复,但这种方法也受错误传播的影响。

$$\hat{X}_{t+h} = \begin{cases} f^h(x_t, \cdots, x_{t+1-p}, [\theta^h]), h = 1 \\ f^h(\hat{x}_{t+h-1}, \cdots, \hat{x}_{t+1}, \hat{x}_t, \cdots, \hat{x}_{t+h-p}, [\theta^h]), h \in \{2, \cdots, p\} \\ f^h(\hat{x}_{t+h-1}, \cdots, \hat{x}_{t+h-p}, [\theta^h]), h \in \{p+1, \cdots, H\} \end{cases} \tag{4.9}$$

(4) 并行方法。这种方法由一个具有多输出的预测器组成,单个工具执行所有预测(从 $t=1$ 到 $t=H$),因此它在处理时间方面尤为重要[HUC 10];然而,输出集近似会导致很大的预测误差[PAO 09]。

$$\hat{X}_{t+1\to t+H} = [\hat{x}_{t+1}, \cdots, \hat{x}_{t+H}] = f(x_t, x_{t-1}, \cdots, x_{t+1-p}, [\theta]) \quad (4.10)$$

(5)MISMO 方法。这种方法是 m 个预测器与多个输出的组合,其数量由参数 s 定义[BE10]:当 $s=1/s=H$ 时,MISMO 等效于直接/并行方法。因此,这是一种灵活的方法,但实施起来也很麻烦,而且处理所需时间也很长。

$$\hat{\text{OUT}}^k = [\hat{x}_{t+ks}, \cdots, \hat{x}_{t+(k-1)s+1}] = f^k(x_t, x_{t-1}, \cdots, x_{t+1-p}, [\theta^k]) \quad (4.11)$$

4.2.1.4 应用与讨论:NN3 竞赛测试

(1)测试数据。考虑到各种长期预测方法,需要仔细地检查它们各自的性能,以确定在 PHM 应用程序中应采用哪种方法。NN3 竞赛是一项预测挑战,旨在测试和比较机器学习预测方法的性能,特别是神经网络[NN3 07](图 4.4)。

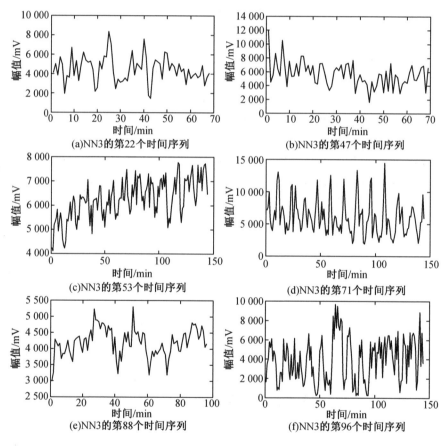

图 4.4 来自 NN3 竞赛的数据序列
(随机选择)

(2)测试的性质。使用模糊神经系统作为基础工具对 111 个数据序列进行了测试。根据 NN3 竞赛的定义,预测每个测试序列的最后 18 个值($H=18$)。为了研究输入对预测可能产生的影响,每种方法都通过改变回归量的数量[式(4.7)~式(4.11)中的 p 值从 1 到 5]来模拟。

两个比较标准：

①方法的精度,通过均方根误差(RMSE)评估预测性能；

②方法的复杂性,通过测量数据序列、执行学习过程和预测丢失数据所需的累积时间等几个维度来评估这些方法的实施难度。

(3)测试结果。测试结果如图4.5所示。无论回归器的数量如何,MISMO方法在预测精度方面整体表现更好,其次是直接方法和并行方法,而迭代方法是表现最平庸的方法。对MISMO方法结果的进一步分析使我们得出结论：当参数 $s=18$ 时,实现了最小的RMSE；这种结构实际上对应于并行方法的结构。迭代方法和并行方法在复杂性方面是相同的,且处理时间明显短于其他方法,因此它们在预测的在线实施方面是最有指导意义的。相反,MISMO方法显示出更长的处理时间(是迭代和并行方法处理时间的37倍)。总之,同时优化这两个标准(预测精度和复杂性)似乎是不可能的,而并行方法是最佳折中的方法。

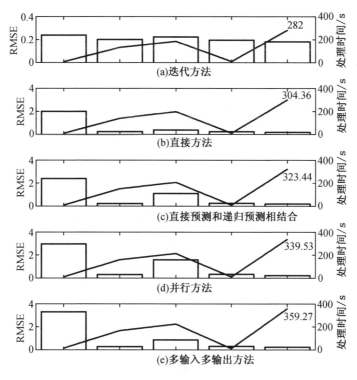

图4.5　NN3-RMSE与处理时间[GOU 12]

4.2.1.5　应用与讨论:涡轮发动机应用测试

(1)测试的数据和性质:第二个测试数据是2008年PHM挑战赛的数据,在第3章中进行了描述,其中显示了反映退化进程的趋势(图4.6)。

(2)预测是使用表3.2中的8个特征进行的,每个模拟具有以下一组输入:两个回归量 $x(t)$ 和 $x(t-1)$ 以及时间 t。学习过程通过考虑40条退化轨迹,并在15个其他序列上进行测试,预测范围为80个时间单位($H=80$:从 $t=51$ 到 $t=130$)。鉴于在PHM应用程序中使用 MISMO 方法的可能性很低(实施困难),它没有被直接用于测试。而 DirRec 方法,从精度的角度来看结果不够理想。因此,测试仅限于迭代方法、直接方法和并行方法。

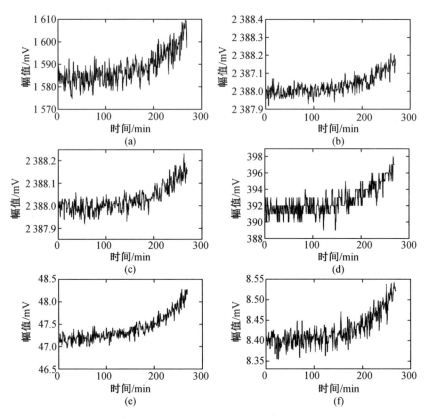

图 4.6　来自涡轮发动机应用程序的数据序列

(随机选择)

(3)测试结果。表 4.1 总结了对 15 个测试序列的预测性能。获得的结果与对 NN3 竞赛数据的测试得出的结论一致;在精度方面,直接方法和并行方法没有显著差异,但前者的部署时间要长得多(长达 120 倍)。迭代方法,它代表了一种折中方案,但没有达到并行方法的性能。不管怎样,迭代方法是唯一一种无须用户定义最大预测范围 H 即可实现的方法。换句话说,这种方法是唯一可以系统地进行 RUL 估计的。这方面的情况如图 4.7 所示。最后,尽管并行方法似乎实现了最佳性能,但只有在可以先验地(定义 H)获得故障前剩余时间的粗略估计时它才是可行的,而迭代方法是最通用的方法。

表 4.1　综合预测性能

逼近方法	RMSE	平均值 μ_e	方差 σ_e	处理时间/s
迭代方法	0.046 01	−0.009 85	0.044 96	384.74

表4.1(续)

逼近方法	RMSE	平均值 μ_e	方差 σ_e	处理时间/s
直接方法	0.026 58	+0.004 04	0.026 28	15 923.32
并行方法	0.025 04	+0.004 09	0.024 71	133.26

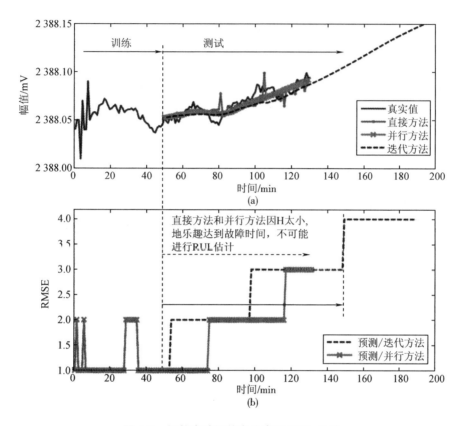

图4.7 涡轮发动机状态分类和RUL估计

4.2.2 利用"快速"神经网络进行预测

连接工具的实施几乎不需要明显的技能，通常基于试错过程，这些过程需要长期部署并且效果不佳。此外，在PHM应用程序中希望找到与当前相同的退化轨迹是不现实的。因此，保证发现新情况后将这些数据集成到模型中是很有意义的，并且这个过程应该在合理的时间内完成。下面，我们提出了一种具有学习收敛性的预测算法，以便可以在最短的时间内重新学习预测系统的结构，该算法可以根据需要多次重新学习。此外，该算法可以减少预测器构建过程中参数设置，并最大限度地减少随机初始化过程的影响。

4.2.2.1 小波神经网络(WNN)和极限学习机(ELM)的结合

将人工神经网络用于逼近/预测并不是一个新想法[DAQ 03]。为了扩展它们的性能，最近这些网络通过在隐藏层中集成小波激活函数进行了修改[BAN 08,CAO 10,LI 07,POU 12,TIN 99,YAM 94]。因此，我们对小波神经网络进行了研究。除此之外，不同的学习方法得以提出：通过支持向量机、进化论方法或简单的梯度反向传播算法[RAJ 11]。然而，这些方法通常是持续发展的，并且它们必须被准确地参数化以实现良好的性能。基于这种思路，Huang等人最近提出了一种新的神经网络，名为极限学习机[HUA 04]，其主要优势在于学习速度，但遗憾的是这个工具对隐藏层参数的初始化非常敏感[BHA 08]。此外，人为选择例如隐藏层神经元的数量或激活函数的类型，会对网络的性能产生较大影响。考虑到这些因素，我们提出了一种新形式网络，即求和小波极值学习机(SW–ELM)，它结合了WNN和ELM的性能，即限制学习时间并减少随机初始化过程的影响。

4.2.2.2 求和小波–极限学习机(SW–ELM)

(1)结构：SW–ELM在保持结构紧凑的同时提供良好的逼近能力，是一种带有一个隐藏层的神经网络，其激活函数部分由小波提供（图4.8）；每个隐藏节点由两个激活函数(f_1和f_2)定义，输出是双重激活的平均值[$\bar{f} = (f_1 + f_2)/2$]。这种组合提高了隐藏层的性能，并以有效的方式处理非线性。

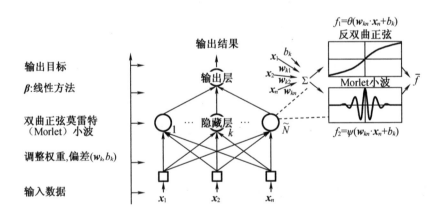

图4.8 SW–ELM的小波神经网络[JAV 14b]

f_1为反双曲正弦(arcsinh)[MIN 05]：

$$f_1 = \theta(X) = \log[x + (x^2 + 1)^{1/2}] \tag{4.12}$$

f_2为Morlet小波[CAO 10,POU 12]：

$$f_2 = \psi(X) = \cos(5x) e^{-0.5x^2} \tag{4.13}$$

(2)数学公式。n和m表示网络的输入和输出的数量，N是学习样本($\boldsymbol{x}_i, \boldsymbol{t}_i$)的数量，其中$i \in [1, N]$，$\boldsymbol{x}_i = [x_{i1}, x_{i2}, \cdots, x_{in}]^T \in \mathbf{R}^n$和$\boldsymbol{t}_i = [t_{i1}, t_{i2}, \cdots, t_{in}]^T \in \mathbf{R}^m$，$\widetilde{N}$是隐藏节点的数量

(每个节点有两个激活函数 f_1 和 f_2)。对于每个样本 j，输出 o_j 表示为

$$\sum_{k=1}^{\tilde{N}} \boldsymbol{\beta}_k \bar{f}[(\theta,\psi)(\boldsymbol{w}_k \cdot \boldsymbol{x}_j + b_k)] = \boldsymbol{o}_j, \quad j=1,2,\cdots,N \tag{4.14}$$

式中 $\boldsymbol{w}_k$——连接第 k 个隐藏神经元和输入神经元的输入权重向量，$\boldsymbol{w}_k = [w_{k1}, w_{k2}, \cdots, w_{kn}]^T \in \mathbf{R}^n$;

$(\boldsymbol{w}_k, \boldsymbol{x}_j)$——权重和输入之间的点积;

$b_k \in \mathbf{R}$——隐藏层第 k 个神经元的偏差;

$\boldsymbol{\beta}_k$——连接隐藏层的第 k 个神经元和输出神经元的权重向量，$\boldsymbol{\beta}_k = [\beta_{k1}, \beta_{k2}, \cdots, \beta_{km}]^T \in \mathbf{R}^m$;

$\bar{f}$——两个激活函数 θ 和 ψ 的平均输出。

为了最小化网络 o_j 的预测输出与实际目标值 t_j 之间的差异，$\sum_{j=1}^{\tilde{N}} \|o_j - t_j\| = 0$，存在 $\boldsymbol{\beta}_k$、$\boldsymbol{w}_k$ 和 b_k，使得

$$\sum_{k=1}^{\tilde{N}} \boldsymbol{\beta}_k \bar{f}[(\theta,\psi)(\boldsymbol{w}_k \cdot \boldsymbol{x}_j + b_k)] = \boldsymbol{t}_j, \quad j=1,2,\cdots,N \tag{4.15}$$

可以用矩阵形式表示:

$$\boldsymbol{H}_{\text{avg}}\boldsymbol{\beta} = \boldsymbol{T} \tag{4.16}$$

式中，$\boldsymbol{H}_{\text{avg}}$ 是一个 $N \times \tilde{N}$ 矩阵使得

$$\boldsymbol{H}_{\text{avg}}(\boldsymbol{w}_1, \cdots, \boldsymbol{w}_{\tilde{N}}, \boldsymbol{x}_1, \cdots, \boldsymbol{x}_{\tilde{N}}, b_1, \cdots, b_{\tilde{N}}) = \bar{f}(\theta,\psi) \begin{bmatrix} (\boldsymbol{w}_1 \cdot \boldsymbol{x}_1 + b_1) & \cdots & (\boldsymbol{w}_{\tilde{N}} \cdot \boldsymbol{x}_1 + b_{\tilde{N}}) \\ \vdots & \ddots & \vdots \\ (\boldsymbol{w}_1 \cdot \boldsymbol{x}_N + b_1) & \cdots & (\boldsymbol{w}_{\tilde{N}} \cdot \boldsymbol{x}_N + b_{\tilde{N}}) \end{bmatrix}$$

$$\tag{4.17}$$

$$\boldsymbol{\beta} = \begin{bmatrix} \boldsymbol{\beta}_1^T \\ \vdots \\ \boldsymbol{\beta}_{\tilde{N}}^T \end{bmatrix}_{\tilde{N} \times m} \quad \boldsymbol{T} = \begin{bmatrix} \boldsymbol{t}_1^T \\ \vdots \\ \boldsymbol{t}_N^T \end{bmatrix}_{N \times m} \tag{4.18}$$

通过最小二乘法求方程(4.16)中线性系统的解来调整输出权向量:

$$\hat{\boldsymbol{\beta}} = \boldsymbol{H}_{\text{avg}}^{\dagger} \boldsymbol{T} = (\boldsymbol{H}_{\text{avg}}^T \boldsymbol{H}_{\text{avg}})^{-1} \boldsymbol{H}_{\text{avg}}^T \boldsymbol{T} \tag{4.19}$$

式中，$\boldsymbol{H}_{\text{avg}}^{\dagger}$ 是隐藏层 $\boldsymbol{H}_{\text{avg}}$ 的输出矩阵的 Moore–Penrose 广义逆。

(3)学习过程。SW–ELM 网络的参数识别包括三个阶段。这些步骤在算法 4.1 中进行了综合描述，并在[JAV 14b]中有更详细的描述。下面我们只给出它们的大致步骤:

①小波参数(膨胀和平移)使用[OUS 00]的启发式算法进行调整。

②使用 Nguyen Widrow (NW)方法[NGU 90]初始化网络参数(权重和偏差)。

③使用 Moore–Penrose 程序[RAO 71]调整输出层的线性参数。

(4)估计误差。SW–ELM 数据集。基于 ELM 算法的主要限制是它们强烈依赖于参数的随机初始化(这也是许多神经网络的情况)。以互补的方式，需要估计此类系统的近似误

差;此误差主要源于输入数据的变化[KHO 11]。此外,文献表明多个模型(模型集合)的集成对误差的敏感度低于单个模型,这样可以提高预测的可靠性[HU 12,KHO 11]。[HUA 11]中提出了对集成 ELM 的详细综述。我们从中获得灵感,提出了一种量化 SW – ELM 网络中近似误差的方法。这种方法的原理很简单,对于输入样本 j 包括重构 M 个 SW – ELM 模型的近似分布,这些模型相同但彼此独立初始化(图 4.9),输出估计 $\overline{O}$ 是基本估计的平均值:

$$\overline{O}_j = \frac{1}{M}\sum_{m=1}^{M}\hat{o}_j^m \tag{4.20}$$

算法 4.1 SW – ELM 的学习方法

需求:n 个学习数据样本(x_i,t_i),n 个输入$(j=1,2,\ldots,n)$

$\tilde{N}$ 个隐藏节点$(k=1,2,\cdots,\tilde{N})$

一个逆双曲正弦和一个 Morlet 小波激活函数

保证:初始化 SLFN 的权重和偏差,初始化 Morlet 参数

找到隐藏的输出权重矩阵 β

SW – ELM 学习程序

1. 初始化小波参数[OUS 00]
2. 定义输入的空间域间隔
3. 计算$[x_{j\min};x_{j\max}]$:{所有观察样本的输入域 x_j}
4. 定义每个域的扩展和转换参数
5. 计算 $D_{kj} = 0,2 \times [x_{j\min};x_{j\max}]$:{时间扩张参数}
6. 计算 $M_{kj} = [x_{j\min};x_{j\max}]/2$:{时间转换参数}
7. 初始化 Morlet 参数$(d_k$ 和 $s_k)$
8. 计算 $d_k =$ 平均值(D_{kj}),$j=1,2,\cdots,n$:{膨胀因子}
9. 计算 $s_k =$ 平均值(M_{kj}),$j=1,2,\cdots,n$:{转换因子}
10. 通过 NguyenWidrow 方法初始化权重和偏差[NGU 90]
11. 在$[-0.5,+0.5]$的范围内随机初始化小的输入权重 $w_{k(\text{old})}$
12. 通过 NW 方法调整权重参数
13. 计算 $\beta_{\text{factor}} = C \times \tilde{N}^{\frac{1}{N}}$:{$C \leq 0.7$,为常数}
14. 计算 $w_{k(\text{new})} = \beta_{\text{factor}} \times \dfrac{w_{k(\text{old})}}{\|w_{k(\text{old})}\|}$:{标准化权重}
15. 初始化偏差值 $b_k = -\beta_{\text{factor}}$ 和 $+\beta_{\text{factor}}$ 之间的随机数
16. 调整线性参数:从隐藏层到输出层
17. 利用式(4.17)得到隐藏层输出矩阵 H_{avg}
18. 在式(4.19)中找到输出权重矩阵 $\hat{\beta}$:{摩尔彭罗斯程序($Moore – Penrose$)}

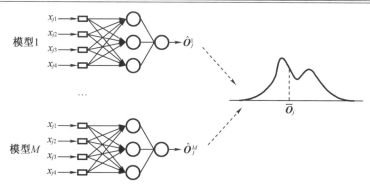

图 4.9 SW - ELM 数据集和估计的不确定性

4.2.2.3 SW - ELM 性能分析

(1)目的。这部分的目的是分析 SW - ELM 的性能,将其与 ELM 和 ELMAN 网络以及 LM 算法进行比较。解决了三种类型的问题:两个数据集用于分析近似性能,另外两个数据集用于分析一步预测性能,最后两个数据集用于分析长期预测性能。主要的模拟内容如表 4.2 所示,测试结果如表 4.3 所示。

表 4.2 SW - ELM 性能测试数据集

数据	描述	输入	输出	训练	测试
近似性能					
泵[SAM 09]	状态监测	均方根,方差	故障代码	73(样本)	19(样本)
刀具[ZHO 06]	状态监测	最大/平均力、切割放大器、比率放大器	刀具磨损	C33, C09, C18 (450 样本)	C18(165 样本)
一步预测性能					
工业烘干机[LEU 98]	预测温度	燃料流量、风扇转速、流量、灯泡温度 y_t	灯泡温度 y_{t+1}	500(样本)	367(样本)
吹风机[LEU 98]	预测温度	设备电压 x_t 空气温度 y_t	空气温度 y_{t+1}	500(样本)	500(样本)
长期预测性能					
NN3[NN3 07]	时间序列预测	时间序列 (4 reg.) $(x_t, x_{t-1}, x_{t-2}, x_{t-3})$	同系列 $x_{t+1 \to t+18}$	51, 54, 56, 58, 60, 61, 92, 106	所有系列 (18 个样本)
涡轮发动机[SAX 08b]	预测退化	退化系列 3 reg. (x_t, x_{t-1}, x_{t-2})	同系列 $x_{t+1 \to t+H}$	90 发动机	5 发动机 $H \in [103, 283]$

注:reg 表示时间序列中相关的数据序列长度。

表4.3 模型性能对比

方法	近似值:泵			近似值:刀具		
	节点	误差/s	R^2	节点	误差/s	R^2
SW-ELM	15	6.5e-004	0.96	4	7.7e-004	0.92
ELM	15	5.8e-004	0.94	4	5.0e-004	0.77
LM	30	1.02	0.79	4	0.22	0.80
ELMAN	30	8.88	0.81	4	0.21	0.77
方法	一步预测:工业烘干机			一步预测:吹风机		
	节点	误差/s	R^2	节点	误差/s	R^2
SW-ELM	20	0.002 4	0.85	4	6.1e-004	0.944 0
ELM	20	0.001 2	0.66	4	3.4e-004	0.944 0
LM	30	1.030 0	0.81	4	0.21	0.943 4
ELMAN	30	8.900 0	0.80	4	0.20	0.943 4
方法	长期预测:NN3			长期预测:涡轮发动机		
	节点	误差/s	均方根误差/%	节点	误差/s	均方根误差/%
SW-ELM	30	0.001 4	10.83	3	0.006	0.042 0
ELM	30	5.5e-004	11.06	3	0.004	0.057 8
LM	30	0.200 0	11.51	3	0.720	0.057 0
ELMAN	30	0.450 0	10.83	3	0.750	0.057 0

(2)结果。无论考虑哪个数据集,SW-ELM网络都有最佳近似/预测性能(R^2和均方根误差),并且结构紧凑(节点数)。此外,所需的学习时间也很短并接近ELM的学习时间。例如,对于SW-ELM和ELMAN网络的长期预测问题,ELMAN在2周内提供结果,而SW-ELM可以在1 h内完成。总之,所提出的SW-ELM结构可以兼顾模型的准确性和易于实现性。

4.2.3 在PHM系统中的应用及其问题

4.2.3.1 测试数据和方法

本节的目的是验证SW-ELM在实际PHM应用中的性能。使用的数据来自"PHM竞赛2010"所使用的实验平台[PHM 10],这是在与新加坡制造技术研究所合作期间生成的[MAS 10]。测试的基础在于一组数据,这些数据将刀具磨损与监测数据(声学测量、振动测量等)相关联。最后,保留切削力信号[ZHO 06],准确地说保留4个特征[LI 09a,ZHO 06]。表4.4给出了三种不同的切削刀具,C09、C18和C33,它们具有不相同的特征,图4.10中描述了用于测试的方法。本节研究了三种模型SW-ELM、ELM和另一种快速算法,回声状态网络(ESN),根据准确性和复杂性来评估三种模型的性能。

表 4.4 刀具特性

刀具	几何形状	涂层
C09	Geom1	Coat1
C18	Geom2	Coat2
C33		Coat3

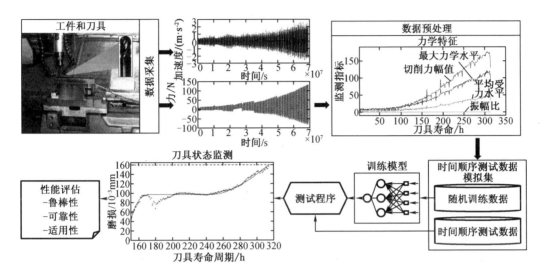

图 4.10 刀具磨损测试的方法

4.2.3.2 鲁棒性、可靠性和适用性

(1)鲁棒性:在切削工具上进行测试,该测试旨在评估模型的鲁棒性。对于每个刀具,随机选择 150 个数据样本以构建估计器,其余数据按时间顺序呈现并用于评估训练模型的准确性[图 4.11(a)]。对于每对切削刀具,该过程重复 100 次,结果(平均)列于表 4.5 中。对于相同的复杂性,SW – ELM 模型整体表现出了最令人满意的估计性能,学习时间与 ELM 非常相似。请注意,通过修改隐藏神经元的数量(此处未显示)可以得出相同的结论。测试结果表明 SW – ELM 是对输入变化最鲁棒的模型。

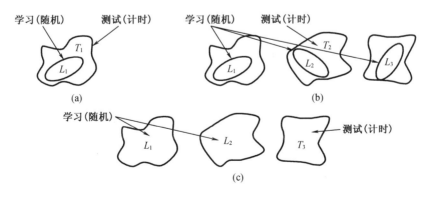

图 4.11 鲁棒性和可靠性测试

(其中 T 代表测试集,L 代表训练集,下标数字为序号)

表 4.5 刀具的鲁棒性和适用性性能

测试 100 次	C09			C18		
	SW – ELM	ELM	ESN	SW – ELM	ELM	ESN
节点	16	16	16	12	12	12
时间/s	0.000 9	0.000 5	0.014 0	0.000 7	0.000 4	0.013 0
R^2	0.824	0.796	0.542	0.955	0.946	0.590

（2）对已知数据测试的可靠性：使用部分已知数据进行测试。该测试旨在评估模型对部分已知数据估计的可靠性（在具有不同属性的刀具上进行测试）。在测试集中随机选择 450 个数据样本（每个刀具 150 个数据）以构建估计量，并按时间顺序呈现不同模型的 165 个数据，以评估"多工具"（multitools）模型的准确性［图 4.11（b）］。对于每个"多工具"模型，此过程重复 100 次，结果（平均）在表 4.6 中给出。和前述结论一致，对于相同的复杂性，SW – ELM 模型整体表现出了最令人满意的估计性能，而学习时间与 ELM 非常相似。无论隐藏神经元的数量是多少，这个结论都是有效的。结果表明 SW – ELM 是在具有不同属性的测试中最可靠的模型。

（3）对未知数据测试的可靠性：对完全未知的数据进行测试。该测试旨在评估模型对完全未知数据估计的可靠性（在不同刀具上进行的测试）。用来自两个刀具的数据集构建估计器，第三个刀具的数据按时间顺序呈现，用于评估模型的准确性［图 4.11（c）］。对于给定的复杂模型，此过程重复 100 次，结果（平均）在表 4.7 中给出。同样，对于相同的复杂性，SW – ELM 模型是最令人满意的模型。但是，可以看到性能发生显著下降，这是由于刀具具有不同的特性，它们的行为也不同。尽管 SW – ELM 似乎更适应这种情况，但 PHM 估计器的可靠性仍然是一个很大的问题。

表 4.6 三种刀具的可靠性和适用性性能

测试 100 次	训练：来自 C09、C18、C33 的 450 个样本					
	测试：来自 C18 的 165 个样本			测试：来自 C18 的 165 个样本		
	SW – ELM	ELM	ESN	SW – ELM	ELM	ESN
节点	20	20	20	16	16	16
时间/s	0.002 0	0.001 0	0.040 0	0.002 0	0.000 9	0.040 0
R^2	0.837	0.836	0.817	0.847	0.800	0.750

表 4.7 对于未知数据测试的可靠性和适用性表现

训练：C09 和 C33；测试：C18	SW – ELM	ELM	ESN
隐藏节点	4	4	4
学习时间/s	0.000 9	0.000 4	0.055 0
R^2	0.701	0.440	0.600

4.2.3.3 SW-ELM 的可靠性和预测效果

下面我们准备评估使用 SW-ELM 进行预测的好处。为此,我们通过以下方法扩展了估计模型:

(1) 对其应用长期预测的迭代策略;
(2) 使用 SW-ELM 的集合来估计预测的不确定性。

测试是在三种切削刀具上进行的。其中两个刀具数据以及第三个刀具的前 50 个用于训练。模型旨在预测第三个切削刀具的磨损(从 $t=50$ 次切削开始)。为了应用 SW-ELM 程序,改变随机初始参数化来训练 100 个预测变量,并建立 95% 的置信区间。失效前剩余时间(RUL)的估计需要设置一个磨损限制并使用分类器,这一步这里不详述。表 4.8 列出了测试结果。

表 4.8 SW-ELM 集成的可靠性和适用性

工具	磨损	估计的磨损	误差/h	R^2	时间/s
C09	315	303	12	0.520	112.01
C18	315	311	4	0.745	133.70
C33	315	313	2	0.893	119.70

鉴于构建了 100 个模型,学习时间自然会增加。尽管如此,学习时间仍然非常短并且符合工业应用需求,且 RUL 估计似乎非常有说服力。但还是应该简单思考一下结论。图 4.12 给出了预测的磨损轨迹和相关的置信区间(CI)。看起来实际磨损在 95% 的置信区间内得到了很好的体现。然而,对于刀具 C09 来说,这个不确定性范围从长远来看是不够的;这证实了当研究的"背景"是可变的(在这种情况下,因为工具几何形状不同)时,可靠的预测比较困难。

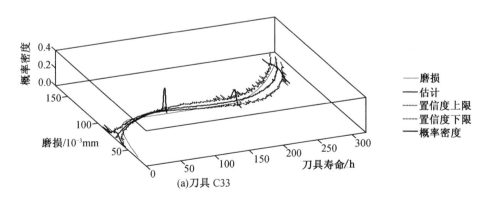

图 4.12 刀具磨损预测和 95% 的置信区间

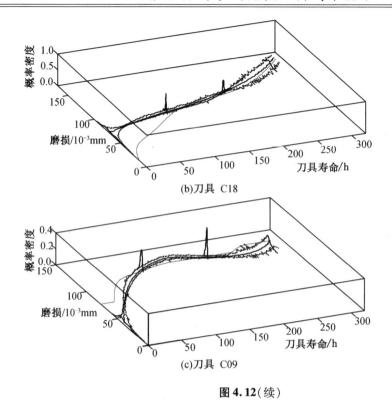

图 4.12(续)

除了随着时间的变化来预测特征之外,预测还需要在每个时刻估计对象的健康状态。考虑到预测的不确定性和故障极限概念的模糊性,这一步可能很关键,而这就是我们在下一节中讨论的内容。

4.3 状态识别与 RUL 评估

4.3.1 无先验数据信息时的健康状态评估

在本节中,我们将结合提取的特征解决监控系统的健康状态评估问题(图 4.1),这种状态评估是通过分类器来执行的。下面,我们将揭示其原理并讨论问题,然后再实现预测的"可靠性"和方法的"通用性"目标。

4.3.1.1 基本原理和问题

基于数据的预测通常分两个阶段:学习阶段和测试阶段。这适用于特征的长期预测,也适用于通过分类进行健康状态评估(图 4.13)。

(1)需要一个离线步骤,以便根据退化状态(特征的)将时间序列数据聚类在一起以"构建"分类器。

(2)在此基础上,通过查看在线数据与离线数据的聚类相似性,可以在线"标记"每个新数据,即分配到一个健康状态类别。

(3)通过估计当前时间 t_c 和从退化状态(S_d)转换到故障状态(S_f)之间的时间,最终获得故障前的剩余时间(RUL):

$$S_d \longrightarrow S_f \Rightarrow \text{RUL} = t_{S_d \to S_f} - t_c \tag{4.21}$$

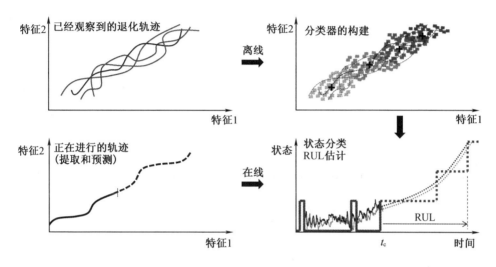

图 4.13 状态分类和 RUL 估计

预测性能在很大程度上取决于用于学习的数据数量和质量。从状态分类的角度来看,至少可以指出两个问题:

(1)学习基础可能不足以描述所有可能的情况(状态)[图 4.14(a)]。在实际的 PHM 应用中通常就是这种情况,在这些应用中有时很难获取有关退化或故障状态的数据。此外,收集的数据在各种工况下通常非常不平衡(就数量而言)。

(2)如何在没有先验信息的情况下定义操作状态之间的转换[图 4.14(b)]以及如何整合新数据描述潜在新状态(以前从未观察到)这一事实?这里的先验信息和新数据指的是未标记的新数据。

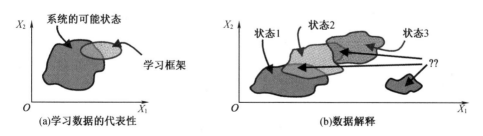

图 4.14 状态分类在学习阶段的固有问题 [GOU 13]

4.3.1.2 分类器的分类和 PHM 的适用性

图 4.15 中给出了四种分类方法。

(1) 监督分类:当数据"带有"标签时,构建分类器包括确定形成数据组的方法,其区分特征是已知的(标签)。考虑到每个数据的类别不存在歧义,所以这种分类是最容易实现的分类。在 PHM 应用程序中,如果整个数据集都可以与操作状态(退化、故障)相关联,则可能就是监督分类的情况。但这种特殊情况很少见。

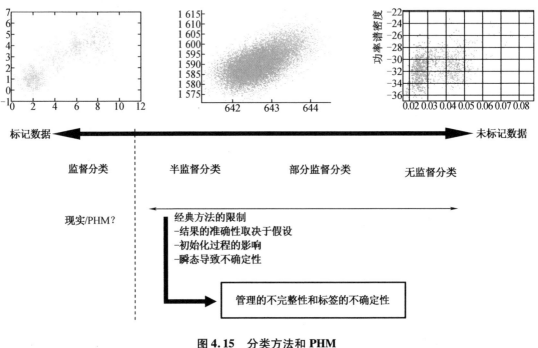

图 4.15 分类方法和 PHM

(资料来源:[GOU 13],有改动)

(2) 无监督分类:当没有任何数据被先验地识别为属于一个类时,我们称之为无监督分类。构建分类器包括在数据的隐藏结构中寻找同构集合并因此定义类。通常,随之而来的是强烈的不确定性,清楚地区分整组数据可能很困难。此外,获得的组分取决于预期类的数量(2,3,4 等)。这类问题主要存在于 PHM 应用中,其操作状态之间的界限模糊且难以识别。

(3) 半监督分类:半监督分类是上述两种分类的混合体:一些数据有标签,这有助于构建类,或者至少是最相似的类。当仅以明确的方式识别"正常"和"故障"状态时,这可能适合开展 PHM。然而,应该注意的是这种分类器的使用隐含地基于一个强假设:故障状态可以被认为是同质的(在数据空间的同一部分),而实际中可能不一定是这种情况。

(4) 部分监督分类:部分监督分类仍然不为人所知。当学习数据对类的归属被部分地或以不精确的方式表达(标签不确定)时,部分监督分类可以被应用[CÔM 09, RAM 13a],但这需要由能够解释每个退化过程的专家进行数据分析。

显然,就开发最通用的 PHM 算法而言,监督和半监督方法似乎并不是最适合的方法。部分监督方法的部署(例如[RAM 14]中的方法)很有意义,但它需要限制其"适用性"的参数化,而且实施时间相对较长。因此,我们主要关注无监督分类方法。

4.3.1.3 无监督分类器的固有问题

(1)数据聚类:无监督分类器基于聚类过程,其目的是将数据按以下方式分组到同类集中。

①最小化类内相似性以构建紧凑的集群;
②最大化类间差异以增加集群之间的分离。

虽然原理看起来很简单,但动态数据的聚类存在一些实现问题。首先,代表退化系统(特征)的时间序列特征随时间变化;其次,它们可以是离散的或连续的、均匀或非均匀采样的、单变量或多变量的,以及长度相等或不等的。这些使得将具有相似属性的数据分组以研究对应的健康状态变得更加困难。

(2)如何聚类:聚类方法可以分为五个算法系列[WAR 05],即基于密度的方法、基于图的方法、层次聚类方法、基于质心的方法和联结方法。在这里,我们不对这些方法进行详细的分析。无论这些方法的优点是什么,都会对分类的一些关键问题造成影响。

①鲁棒性:聚类算法通常对噪声、异常点很敏感,而这会影响聚类的中心并使聚类失真,进而影响预测模型的鲁棒性。

②鲁棒性和可靠性:聚类算法每次运行时,参数初始化或随机数据处理程序可能会导致不同的结果。虽然形成的集群通常差别不大,但是很可能得到相互矛盾的结果。因此,数据聚类对预测模型的鲁棒性和可靠性有影响。

③适用性:聚类算法可能很耗时,或者需要人工干预进行参数初始化(组数和中心的初始值),或者仅限于特定类型的数据(等长的时间序列)。这些问题降低了分类方法对预测过程的适用性。

4.3.2 为了提高性能:S-MEFC 算法

4.3.2.1 原理:两种聚类算法的融合

下面我们尝试通过引入一种新的分类算法来解决上述提到的一系列问题(第 4.3.1.3 节),然后给出一种对退化系统进行健康状态评估的新方法。所提出的聚类算法是减法-最大熵模糊聚类(S-MEFC)[JAV 13a,JAV 15a]。它是基于两种分类算法:

(1)减法聚类(SC)算法[CHI 94],
(2)最大熵模糊聚类(MEFC)算法[LI 95]。

下面我们说明它们的基本特征,如表 4.9 所示。

SC 算法:SC 算法是一种"单程"方法,旨在根据密度函数估计分组的中心。这种方法的优点是可以自动确定要构造类别的数量,并且不需要使用任何特定的过程来初始化中心。

根据[DOA 05],SC 是一种鲁棒算法,能够检测和去除极端异常点。此外,SC 是"一致的":算法每次运行时的划分都是相同的[BAT 11]。

MEFC 算法:考虑到 MEFC 算法在分类中具有不确定性,所以会以最公平的方式处理不精确的数据,并通过最大熵推理(MEI)最小化模糊隶属函数选择的影响。与其他模糊聚类方法相比,最大熵函数为数据分类提供了物理意义:离中心最近的点在分组中具有最大的值。

表 4.9 PHM 问题和 S–MEFC 算法

目标/PHM	聚类问题	算法	
通用方法	– 自动集群数量 – 中心的初始化 – 快速算法 – 异常点的处理 – 一致/运行	SC	S–MEFC
适合的方法	– 不确定性表示 – 结构紧凑	MEFC	

4.3.2.2 S–MEFC 算法的形式化

S–MEFC 方法的主要步骤在算法 4.2 中进行了总结。以下是一般理解所需的要素。

让我们考虑一个学习数据集[式(4.22)],它由来自 n 个时间序列(特征)的 N 个未标记样本组成:

$$L_D = \begin{bmatrix} x_{11} & \cdots & x_{1\tilde{n}} \\ \vdots & \ddots & \vdots \\ x_{N1} & \cdots & x_{N\tilde{n}} \end{bmatrix} \tag{4.22}$$

SC 方法用于自动确定多维数据组 c 及其中心矩阵 $V = \{v_j\}_{j=1}^{c}$(有关更多详细信息,请参阅[CHI 94])。为此,用户必须定义邻域半径 ra,然后将获得的 SC 中心 V 用于 MEFC 算法(避免随机初始化)。为了更好地调整中心的位置并为每个数据点分配数据(σ 为用户分配的模糊参数),该算法以迭代方式工作,直到满足结束标准。基于模糊划分矩阵的最大熵推理表示为 $U = [\mu_{ij}]_{c \times N}$,其中 μ_{ij} 表示第 i 个对象属于第 j 个组的概率。请注意,划分的关键要素是两点之间的相似性[WAR 05]。在我们的例子中,我们采用标准化的欧几里得距离 D_{SE} 更新组分区矩阵 U 和中心矩阵 V。它类似于欧几里得距离(ED),不同之处在于每个维度都除以它的标准差。这样能够比使用 ED 产生更好的集群,因为每个维度都有不同的规模。设 x, v 是一些维数为 $\tilde{n}$ 的向量,SD 是标准偏差,点和中心之间的距离 D_{SE} 由下式给出:

$$D_{SE}(x, v) \sqrt{\sum_{k=1}^{\tilde{n}} \left(\frac{1}{SD_k^2}\right)(x_k - v_k)^2} \tag{4.23}$$

算法4.2 减法-最大熵模糊聚类（S-MEFC）

需求：学习数据集方程(5.17)

确定 ra、ε、σ 大于 0

保证：集群中心 V

模糊划分 U

S-MEFC 学习过程

1. 使用 SC[CHI 94]获得初始簇中心 v^{old}
2. 使用 MEI[LI 95]计算模糊划分矩阵 U
3. 调整集群中心 v^{new}
4. 重复步骤 2 和步骤 3，直到满足终止标准

4.3.3 动态预警程序

正如在第 4.3.1.1 节中介绍的那样，本节的目的是提出一个程序使预测受监控系统的 RUL 成为可能。一方面，估计系统的离散状态（当前和未来状态）；另一方面，通过与已经观察到情况相似的动态方式设置故障阈值[符合方程(4.21)]。为了表述的清晰和简单起见，这里的特征应该由之前提出的 SW-ELM 算法预测（第 4.2.2.2 节），对于任何其他预测器其过程应该保持一致。

4.3.3.1 没有阈值先验信息的预测：整体框架

我们推荐的基于数据预测的总体框架如图 4.16 所示。但是，请注意因为该框架仅涉及预测和分类过程，所以特征的提取和选择（第 3 章）并未在其中表示。其中突出显示了两个阶段：

（1）用于训练预测器和分类器的离线阶段，

（2）同时执行特征预测和离散状态估计的在线阶段。

4.3.3.2 离线阶段：预测器和分类器的训练

让我们考虑一个由一组案例 m 的特征 F_{L_i} 构成的训练库。根据特征空间的维度，使用 SW-ELM 构建 n 个单变量预测变量 P_i，每个预测器的学习是通过 m 个案例中的数据进行的[图 4.17(a)]。如第 3 章中所建议的那样，这组特征随后被限制为"可预测"的特征。在此基础上（仅考虑可预测的特征），为每个训练案例构建一个 S-MEFC 分类器，以便每个案例的状态数量都是合适的[图 4.17(b)]。

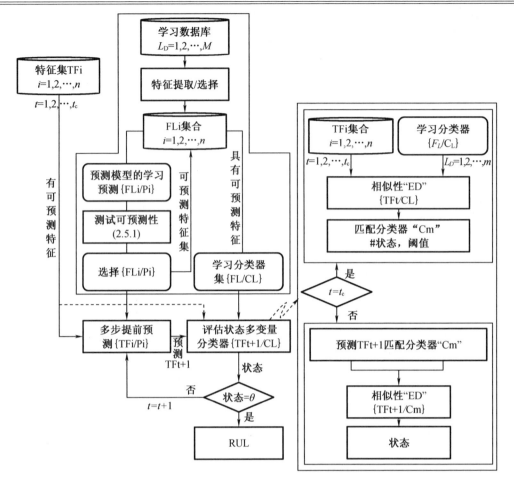

图 4.16 没有阈值先验信息预测的整体框架

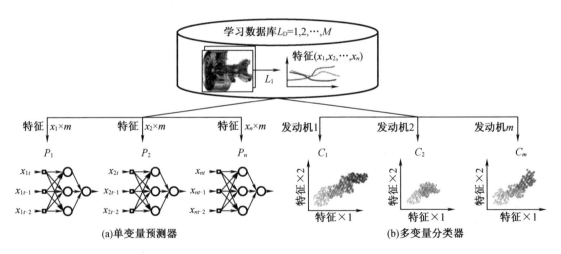

图 4.17 离线阶段预测器和分类器的学习

4.3.3.3 在线阶段:状态的预测和估计

现在让我们考虑一个新案例,在预测开始的当前日期 t_c 之前,可预测特征是已知的(提取)(图 4.18)。在第一阶段,计算这个新案例与每个学习的分类器之间的距离[式(4.23)],以确定最适合当前测试序列的分类器。这样可以通过与学习案例的类比来确定受监控系统的状态数量,从而设置故障阈值。然后对每个特征进行长期预测(以"迭代"结构作为 SW – ELM 的基础),并且随时评估系统的状态。RUL 也遵循此程序[式(4.21)]。

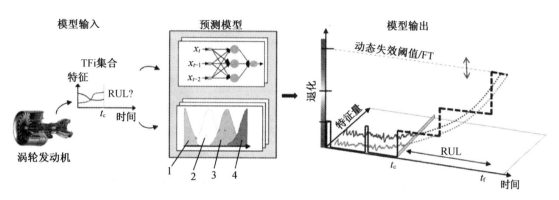

1—符合标准;2—可接受;3—严重错误;4—预测失败。

图 4.18 在线阶段状态的预测和估计

4.4 应用和讨论

4.4.1 测试数据和协议

4.4.1.1 测试数据:PHM 挑战 2008

为了说明基于特征预测和无监督状态分类的预测方法,以及建议的动态阈值程序,我们使用 2008 年第一次国际 IEEE PHM 会议期间的涡轮发动机应用程序。更具体的是,利用文件 train – FD001.txt 和 test – FD001.txt。

训练文件中包含 100 个案例(100 个发动机),每一个案例数据由 26 个原始时间变量(特征)组成,故障前的剩余时间(RUL,以小时或周期数量化)与之相关。从这 26 个特征中,挑选了 8 个(表3.4)。图 4.19 说明了特征 2 的趋势分布和 100 个训练数据的寿命分布,很明显,图中数据非常杂乱,并且两者仅部分相似。

4.4.1.2 测试对象和评价标准

测试文件 test – FD001.txt 是由当前时刻 t_c (100 个案例)的轨迹(特征)组成。显然,剩余的使用寿命是未知的,必须进行估计。将结果与实际 RUL 文件 rul – FD001.txt 进行比较，以评价预测方法的性能。在测试期间，定义了一个接受区间以衡量预测效果：$I = [-10, 13]$（图 4.20）。该区间也用于量化最终得分[SAX 08b]：

$$s = \begin{cases} \sum_{i=1}^{n} e^{-(\frac{d}{a_1})} - 1, & d < 0 \\ \sum_{i=1}^{n} e^{-(\frac{d}{a_2})} - 1, & d \geq 0 \end{cases} \quad (4.24)$$

式中 $a_1 = 10, a_2 = 13$；

  d——估计误差（估计 RUL - 实际 RUL）；

  n——案例数。

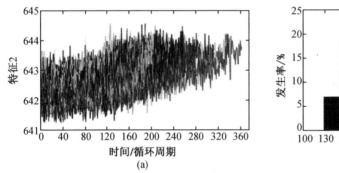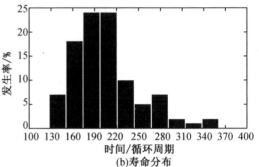

图 4.19 测量值和寿命分布

（此图的彩色版本参见 www.iste.co.uk/zerhouni1/phm.zip）

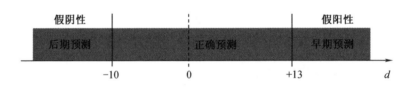

图 4.20 预测误差区间

此外，我们建议根据两个标准来评估预测性能：学习和测试 200 个案例的总处理时间，以及通过决定系数（R^2）评估预测准确性。在模拟过程中，每个预测器 SW - ELM 的网络拓扑设置如下：3 个输入节点，5 个隐藏节点，1 个输出节点，常数 $C = 0.1$。S - MEFC 分类器：ra = 0.4 和 $\sigma = 0.38$。

4.4.2 动态预警程序的解释说明

根据第 3 章得出的结论，使用可预测的特征可能会得到更好的 RUL 估计。我们在第一阶段通过特征集 $\{F_1 \sim F_8\}$ 来验证这一假设，然后仅利用识别出的特征作为可预测特征 $\{F_1; F_4 \sim F_8\}$。为了估计 RUL，SW - ELM 预测器和 S - MEFC 分类器在 100 个案例中进行学习，并在其他 100 个案例上进行测试，数据保持其原始规模（未标准化），图 4.21 解释了基于第一个测试用例的所有特征 $\{F_1 \sim F_8\}$ 来估计 RUL。

结合前述内容,S-MEFC 算法通过动态方式定义故障阈值。涡轮发动机应用是一个典型的例子,显示了这个过程的特点:涡轮发动机有不同的退化轨迹,必须避免从这个角度出发的任何假设。让我们观察图 4.22,它说明了发动机 1 号和 100 号的健康状态分类结果:针对 1 号发动机,数据被分为四组;而针对 100 号发动机,识别了六类状态,其他序列的发动机也会发生同样的情况(图 4.23)。

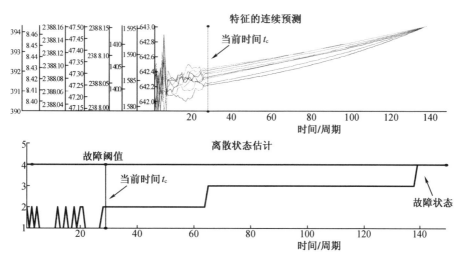

图 4.21 通过自动阈值估计 RUL(测试 1)

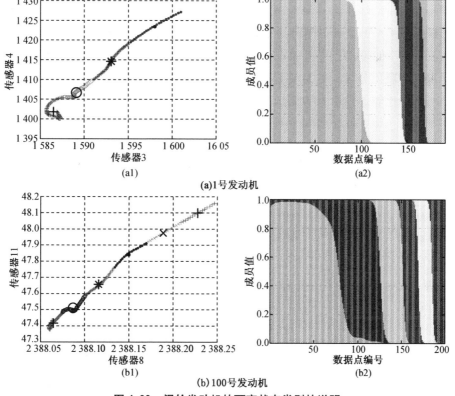

图 4.22 涡轮发动机的可变状态类别的说明

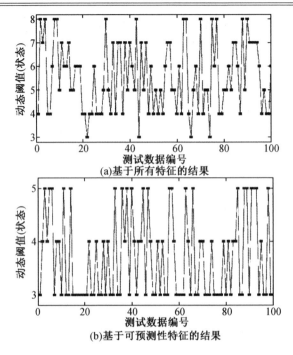

图 4.23 TURBOFAN 的故障阈值的动态分配

4.4.3 方法性能分析

此处根据第 4.4.1.2 节中提出的评估标准讨论测试结果,目的是将这种方法与现有方法进行比较。不幸的是,关于"PHM 挑战 2008"数据的论文没有明确提及,也没有提供关于 RUL 估计误差和获得分数 s 的足够详细信息。因此,我们只与关注相同数据序列的文献[RAM 13b]进行比较。表 4.10 列出了 100 个发动机的测试结果。

表 4.10 动态阈值预测结果

标准	基于所有特征	基于可预测特征	[RAM 13b]
RUL 接受区间	[-85,74]	[-39,60]	[-85,120]
估计"及时"	32	48	53
估计"早期"	34	40	36
估计"后期"	34	12	11
R^2	0.55	0.614	N/A
时间	5 min 33 s	3 min 54 s	N/A
s 分数	4 463	1 046	N/A

结果表明基于可预测性特征的方法比基于所有特征的方法有更好的测试结果。这并不奇怪:难以预测的特征会增加不确定性,并使分类器产生误差。

所提出的预测方法也提供了良好的 RUL 估计性能($I = [-39, 60]$,$R^2 = 0.614$),并且倾向于低估 RUL(早期估计),而这种情况是合理的,图 4.24 和图 4.25 提供了这种情况的说明。

用于学习和测试 200 个发动机数据的程序计算时间为 3 min54 s,这样效果特别显著,并且与工业应用的"实时"要求一致;作为对比,另一种方法(例如[WAN 10]中提出的方法)需要对 100 个测试用例耗费数小时的计算时间。

除了我们试图量化的评价指标之外,本书提出的健康状态评估方法还具有不同的优势:

(1)这种方法的实施阶段非常快,用户只设置 4 个参数;
(2)可以在不执行归一化阶段的情况下使用特征,并且数据序列可以有不同的长度;
(3)数据不需要标记;
(4)故障阈值是动态设置的,无须先验知识。

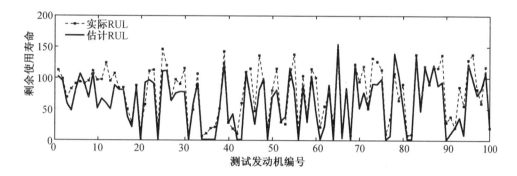

图 4.24 涡轮发动机的 RUL 估计和实际 RUL(100 次测试)

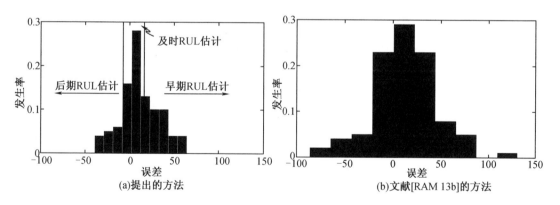

图 4.25 涡轮发动机的 RUL 的概率密度函数

4.5 本章小结

系统的监测和预测是密切相关的过程,它们的共同基础是指标可用性,这些指标一方面可以评估健康状况,另一方面可以推断其发展势态。在实践中,可以考虑两种方法:一是预测特征的演变并随时(通过分类)逼近状态以估计剩余寿命;二是估计当前状态从而预测未来的状态。本章介绍了第一种方法,讨论了三个方面:

(1)特征预测:通过预先构建的特征来构建预测模型,该模型能够模拟系统的退化行为并预测其 RUL。这一步可能很麻烦,其性能可能取决于人类选择或随机初始化程序。因此,我们应该将预测模型的生成系统化,以摆脱限制预测方法部署的问题。此外,调整预测工具所需的时间必须合理,以确保在观察到未知退化特征后可以立即识别。考虑到所有这些事实,在本章中我们使用了快速神经网络(SW-ELM),测试效果较好。

(2)健康状态分类:也即随着时间的推移对特征进行预测,预测需要在任何时刻对受监控系统的健康状态进行估计,这个分类步骤很关键。首先,受监控系统的健康状况取决于其历史记录和开发条件的可变性;多物理场退化现象各不相同,最终交织在一起,很难甚至不可能以简单的方式定义运行状态(类)之间的界限。其次,学习数据很少被标记(即使错误状态也不总是可识别的),因此分类工具必须适应"无监督"的情况,并能够学习新的状态。最后,为了突破 PHM 的极限,应该采用最少的特征参数和最少假设(每个假设都是不确定性的来源)。针对这些需求,我们在本章中展示了模糊聚类算法,该算法能够表示多维数据的不确定性,并且它们在预测方面表现出良好的性能。

(3)动态阈值程序和 RUL 估计:RUL 可以解释为故障前的剩余时间。考虑到有关操作状态的信息不是先验可用的,故障阈值本身的概念很难以明确的方式表述,这实际上是 RUL 估计的不确定性来源。而解决方案包括"识别"退化轨迹,通过判断该退化轨迹与其他已经观察到的退化轨迹之间的关系,进而对当前状态和过去状态使用距离度量,最终以动态方式定义故障阈值。

请注意,本章旨在提出一些可能的解决方案,提高监测和预测的通用性,同时获得良好的性能:预测特征;对状态进行分类;动态分配多维阈值。然而,无论如何,我们的目的并不是将这些步骤作为所有方法中的最佳方法,而是在情况适合时(缺乏对现象的理解,缺乏行为模型)作为一种可行的替代方案。

第5章 健康状态评估,剩余使用寿命预测——第二部分

5.1 概 述

根据第4章基于数据进行设备剩余使用寿命预测的流程(图4.1),在提取出设备的特征数据集合(第3章)后,其剩余使用寿命的预测可以从以下方面进行:一是预测设备特征的演化并评估系统未来的状态(第4章);二是构建用于预测设备演化过程(状态或持续时间预测)的健康状态指标。而在本章中,我们采用第二种方法。

在实践中,健康状态估计和行为预测是两个密切相关的过程,而第二个过程是在第一个过程构建模型的基础上进行预测。因此,预测方法可以考虑两个阶段(图5.1):第一阶段为离线,即基于完整数据(特征)训练退化模型;第二阶段为在线,即在发生故障前,利用训练好的模型来评估部件当前状态和预测其剩余使用寿命。

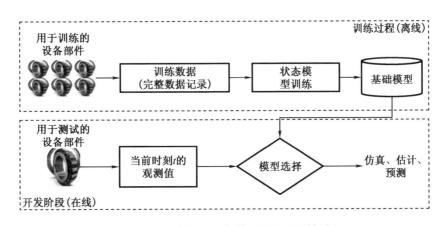

图5.1 训练并利用退化模型进行预测的过程

(1)健康状态评估:健康状态评估类似于在线的分类过程,因此它必须从历史数据进行学习,并基于监测部件的瞬时状态进行建模。为了实现这一任务可以考虑使用不同的建模方法,而建模方法的选择受设备监测数据的形式(一维、多维、连续、离散以及噪声大小等)、退化性质(确定性、概率性、随机性、线性、平稳性等)以及运行工况的影响。在本章中,我们提出使用应用比较普遍的动态贝叶斯网络[MED 12, TOB 12a, TOB 12b]进行建模。

(2)行为预测:预测的目的旨在通过了解部件的当前状态和未来的使用条件来计算部

件在故障前的剩余使用寿命。该过程在线执行,并使用离线阶段训练好的模型和当前观察结果(健康指标的特征和/或值)。RUL 是基于部件的当前状态和故障阈值来进行的预测(由专家设置、统计确定或通过实验学习)。

应该注意的是,这里提出的预测方法基于一组假设,总结如下:

①输入数据(特征或健康指标)是连续的并假定为真实值。

②训练阶段使用的特征和健康指标是从代表完整退化周期的数据中提取的(涵盖组件的所有状态,从新状态到故障状态)。

③特征和健康指标应该能够表征关键组件随时间退化的演变过程。

④退化应该是渐进的和不可逆转的,不考虑突发性故障和预防性维修的干预。

5.2 健康状态的建模和评估

为了将原始信号中提取的特征矩阵转换为模型,我们采用基于动态贝叶斯网络的高斯隐马尔可夫模型(MoG – HMM)。MoG – HMM 是由高斯函数混合表示的隐马尔可夫模型(HMM)。

5.2.1 基础:隐马尔可夫模型

5.2.1.1 马尔可夫模型:形式和应用

离散时间隐马尔可夫模型是马尔可夫过程的一个特例,它用于对随机过程和随机变量的建模。通常,当 $t_1 < t_2 < \cdots < t_L$ 时,随机过程 $X(t)$ 被认为是对任意有限子集 $\{t_i, i=1, 2, \cdots, L\}$ 的马尔可夫过程,通过 $x(t_1), x(t_2), \cdots, x(t_L)$,随机变量 $X(t_L)$ 的条件概率分布仅取决于随机变量之前的值:

$$P[X(t_L) = x_L | X(t_1) = x_1, \cdots, X(t_{L-1}) = x_{L-1}] = P[X(t_L) = x_L | X(t_{L-1}) = x_{L-1}] \quad (5.1)$$

更简单地说,这意味着过程的未来状态仅与当前状态有关而与其过去状态无关,拥有该性质的过程就是马尔可夫过程。根据状态空间 S 的性质,$X(t) \in S$,以及参数 t 的定义,马尔可夫过程分为四类(表 5.1)。

表 5.1 马尔可夫过程的分类 [SOL 06a]

参数 t 的性质	状态空间	
	离散的	连续的
离散的	离散时间马尔可夫链	离散时间马尔可夫过程
连续的	连续时间马尔可夫过程	连续时间马尔可夫过程

下面,我们讨论离散时间马尔可夫链,事实上所考虑的物理组件在每个时刻 t 只能处于

集合 S 的一个状态,离散时刻 $X_n = X(t_n)$,组件处于状态 $x_i \in S$ 的概率由下式给出:

$$P_i(t) = P(X_t = x_i) \ \forall x_i \in S \tag{5.2}$$

因此,马尔可夫性质由以下条件概率验证:

$$P(X_t = x_i | X_{t-1} = x_j, X_{t-2} = x_k \cdots) = P(X_t = x_i | X_{t-1} = x_j), \forall x_i, x_j, x_k \in S \tag{5.3}$$

这种条件概率分布被认为与时间无关,称为状态间转移概率,其定义区间为 $[0,1]$,随机约束条件为 $\sum_{j=1}^{\mathrm{rank}(S)} a_{ij} = 1$。

$$a_{ij} = P(X_t = x_i | X_{t-1} = x_j), 1 \leq i, j \leq \mathrm{rank}(S) \tag{5.4}$$

因为其状态是可直接获取的,这种随机过程也称为可观察的马尔可夫链。状态代表可见的现象或物理过程。图 5.2 给出了一个三状态马尔可夫链的例子。在此示例中,三个状态对应于正常运行状态(状态 1)、故障状态(状态 2)和维修状态(状态 3)。状态之间的转换矩阵表示为 A,A 可以从组件使用期间收集的数据中获得。

$$A = \begin{pmatrix} 0.85 & 0.1 & 0.05 \\ 0 & 0.05 & 0.95 \\ 0.8 & 0.1 & 0.1 \end{pmatrix} \tag{5.5}$$

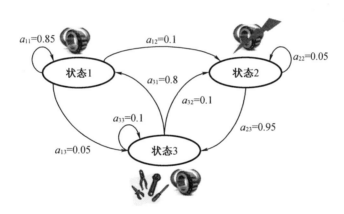

图 5.2 离散马尔可夫链示例

可以利用图 5.2 中的模型来估计组件在一周工作中良好运行的概率。形式上(并考虑到时间的一步等于一天)可以定义为观察序列 $O = \{\mathrm{State3}, \mathrm{State1}, \mathrm{State1}, \mathrm{State1}, \mathrm{State1}, \mathrm{State1}\}$ 的概率,它对应于初始状态(维修)和一周中的五天处于良好的运行状态。在此基础上,可以估计这个观测序列的概率:

$$\begin{aligned}
P(O|\mathrm{Model}) &= P(\mathrm{State\ 3}, \mathrm{State\ 1}, \mathrm{State\ 1}, \mathrm{State\ 1}, \mathrm{State\ 1}, \mathrm{State\ 1} | \mathrm{Model}) \\
&= P(\mathrm{State\ 3}) \times P(\mathrm{State\ 1} | \mathrm{State\ 3}) \times P(\mathrm{State\ 1} | \mathrm{State\ 1}) \times \\
&\quad P(\mathrm{State\ 1} | \mathrm{State\ 1}) \times P(\mathrm{State\ 1} | \mathrm{State\ 1}) \times P(\mathrm{State\ 1} | \mathrm{State\ 1}) \\
&= \pi_3 \times a_{33} \times a_{11} \times a_{11} \times a_{11} \times a_{11} \\
&= 1 \times 0.1 \times 0.85 \times 0.85 \times 0.85 \times 0.85 \\
&= 0.34
\end{aligned}$$

其中，π_3 表示初始概率分布。

5.2.1.2　隐马尔可夫模型：形式和学习

在实践中，马尔可夫链的状态所描述的现象是不能直接观察到的。因此，有必要采用隐马尔可夫模型[RAB 89]（图 5.3）。HMM 完全由以下参数定义[RAB 89]：

N，状态数，多个单个状态形成一个集合 $S = \{x_1, x_2, \cdots, x_N\}$。

K，每个状态不同观测值的数量，对应于建模组件的可测量输出（例如，高温、正常或低温）。观察结果形成一个集合，表示为 $V = \{v_1, v_2, \cdots, v_K\}$。

A，隐藏状态之间的转移概率分布 $A = \{a_{ij}\}$

$$A = \{a_{ij}\} = P(x_t = i | x_{t-1} = j), \quad 1 \leq i,j \leq N \quad (5.6)$$

B，每个隐藏状态 x_i 下的观察概率分布 $B = \{b_i(k)\}$

$$B = b_i(k) = P(v_k | x_t = x_i), \quad 1 \leq i \leq N \wedge 1 \leq k \leq K \quad (5.7)$$

π，初始状态分布 $\pi = \{\pi_k\}$

$$\pi_i = P(x_1 = x_i), \quad 1 \leq i \leq N \quad (5.8)$$

通过知道参数 N、K、A、B 和 π，可以生成观察序列：

$$O = \{O_1, O_2, \cdots, O_t, \cdots, O_T\}, \quad 1 \leq t \leq T$$

其中每个观测值 O_t 是 V 中的一个元素，T 表示观测序列的长度。

在实践中，参数 N 和 K 要么由组件的性质确定，要么根据经验确定。因此，HMM 由其三个参数 A、B 和 π 定义，并表示为 λ：

$$\lambda = (A, B, \pi) \quad (5.9)$$

隐马尔可夫模型用于解决实际应用中经常遇到的三个基本问题[RAB 89]：

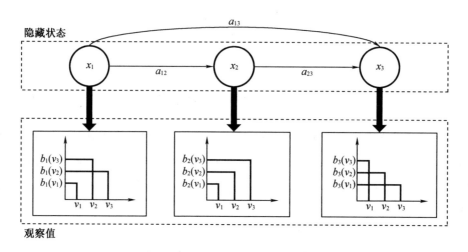

图 5.3　隐马尔可夫模型

问题 1　识别或检测问题

这个问题对应于由模型 $\lambda = (A, B, \pi)$ 生成的一系列观察值 $\{O = O_1, O_2, O_t, \cdots, O_T\}$ 的概率计算，即 $P[O|\lambda]$。这个识别问题也可以被认为是模型 λ 正确表示组件观察的能力。

换句话说,如果我们考虑必须在多个模型 $\lambda_i = (A_i, B_i, \pi_i)$ 中做出选择的情况,那么解决识别问题就可以选择最能代表观测序列 O 的模型,两个可以参考的解决方法如下:

(1)第一种方法是最直接的方法,但也是计算量最大的方法,因为它包括考虑长度为 T 的所有可能状态序列 Q:

$$Q = \{x_1, x_2, \cdots, x_T\}$$

然后,该方法在知道模型 λ 的情况下,通过在所有可能的状态序列 Q 上进行联合概率的相加来评估观察概率[RAB 89]。

$$\begin{aligned} P(O|\lambda) &= \sum_Q P(O|Q,\lambda) \times P(Q|\lambda) \\ &= \sum_{x_1,x_2,\cdots,x_T} \pi_{x_1} b_{x_1}(O_1) a_{x_1 x_2} b_{x_2}(O_2) \cdots a_{x_{T-1} x_T} b_{x_T}(O_T) \end{aligned}$$

根据上面的表达式,这种方法需要 $2 \times N^T$ 次计算来估计给定观察序列的概率。这个处理时间可能会令人失望,即使对于 N 和 T 较小的问题也是如此。例如,对于 $N = 5$ 个状态和 $T = 100$ 个观测值,需要进行 $2 \times 100 \times 5^{100} \approx 1\,072$ 次计算。

(2)Baum 提出了第二种更有效的方法[BAU 67],其源自递归编程。这种解决方案被称为前向-后向算法。它包括将观测序列 $O = \{O_1, O_2, \cdots, O_t, \cdots, O_T\}$ 划分为两个子序列,为此定义了两个观测概率 $\alpha_t(i)$ 表示前向概率,$\beta_t(i)$ 表示后向概率:

$$\alpha_t(i) = P(O_1, O_2, \cdots, O_t, x_t = x_i | \lambda) \tag{5.10}$$

$$\beta_t(i) = P(O_{t+1}, O_{t+2}, \cdots, O_T, x_t = x_i | \lambda) \tag{5.11}$$

为了估计 $P(O|\lambda)$,只需要计算前向概率[$\beta_t(i)$ 用于解决问题 2 和 3]。一般来说,这个算法需要 $T \times N^2$ 次操作。在前面的示例中,解决方案是通过约 3 000 次操作而不是 1 072 次操作获得的。

问题 2 解码问题

解码问题也称为隐藏状态识别问题,给定观察序列 $O = \{O_1, O_2, \cdots, O_t, \cdots, O_T\}$ 和模型 $\lambda = (A, B, \pi)$,这个问题在于发现模型的隐藏部分,即找到隐藏状态序列:

$$X = \{x_1, x_2, \cdots, x_T\}$$

与问题 1 的情况相反,可以通过 $T \times N^2$ 次计算找到精确解,解码问题可以被抽象为优化问题,因此该解决方案不是唯一的(取决于解决办法)。例如,许多算法旨在通过使用变量 $\alpha_t(i)$ 和 $\beta_t(i)$ 最大化序列状态出现的个体概率来找到状态序列[RAB 89]。但其中最常见的解决方法是维特比(Viterbi)算法[VIT 67]。该方法使用概率度量 $\delta(i)$ 来测量状态序列 X 和观察值 O 之间最可能的关系,直到时刻 t,约束 $X_t = x_i$:

$$\delta_t(i) = \max_{x_1, x_2, \cdots, x_T} P(x_1, x_2, \cdots, x_t = x_i, O_1, O_2, \cdots, O_t | \lambda) \tag{5.12}$$

为了确定隐藏状态的序列,有必要跟踪使 $\delta(i)$ 最大化的索引 i,并对每个 t 和每个 i 执行此操作。

问题 3 学习问题

学习问题的目标是估计模型的参数(π、A、B)为最大化观测序列 O 的概率。这个问题没有任何通用解析解。然而,一种迭代算法即所谓的鲍姆-韦尔奇(Baum-Welch)算法[BAU 72],可以选择 $\lambda = (A, B, \pi)$,使得概率 $P(O|\lambda)$ 局部最大化。利用前向-后向算法

的结果和迭代优化的结果,通过以下表达式可以估计模型的参数 λ。

$$\overline{\pi}_i \frac{\alpha_1(i)\beta_1(i)}{P(O|\lambda)} \lambda = 在时间\ t=1\ 从状态\ x_i\ 开始的转换次数 \tag{5.13}$$

$$\overline{a}_{ij} = \frac{\sum_{t=1}^{T-1} \alpha_t(i) a_{ij} b_j(O_{t+1}) \beta_{t+1}(j)}{\sum_{t=1}^{T-1} \alpha_t(i) \beta_t(i)} = \frac{从状态\ x_i\ 到状态\ x_j\ 的转换次数}{从状态\ x_i\ 开始的转换次数} \tag{5.14}$$

$$\overline{b}_{jk} = \frac{\sum_{\substack{t=1 \\ O_t = v_k}}^{T} \alpha_t(j)\beta_t(j)}{\sum_{t=1}^{T-1} \alpha_t(j)\beta_t(j)} = \frac{从状态\ x_j\ 到状态\ v_k\ 的转换次数}{从状态\ x_j\ 开始的转换次数} \tag{5.15}$$

5.2.2 扩展:混合高斯隐式马尔可夫模型

在之前介绍的 HMM 中观测值是离散的。然而,在实践中观察结果通常是连续的[TOB 11d,TOB 10]。为了对它们建模,一般可以使用聚类方法进行离散化,但是信息的丢失可能会很严重[RAB 89,TOB 11c]。为了解决这个问题,可以利用连续概率密度函数。定义参数再估计的概率密度如下所示:

$$b_j(O) = \sum_{m=1}^{M} c_{jm} \Im[O, \mu_{jm}, U_{jm}], \quad 1 \leqslant j \leqslant N \tag{5.16}$$

式中 O——连续观测的建模向量;

c_{jm}——状态 x_j 下混合系数 m 的权重;

$\Im$——对称椭圆或对数凹面密度[JUA 85];

μ_{jm}、U_{jm}——在状态 x_j 中的 m 的均值和协方差。

通常,高斯分布用于 $\Im$ 的初始化,得到的模型称为 MOG-HMM。概率密度 $\Im$ 用于近似观察值的实际概率密度形状,这使得将 MoG-HMM 应用于各种组件成为可能。根据[JUA 85],用于估计 m 的权重 c_{jm}、μ_{jm} 和协方差 U_{jm} 的平均值公式由以下等式给出:

$$\overline{c_{jm}} = \frac{\sum_{t=1}^{T} \gamma_t(j,m)}{\sum_{t=1}^{T} \sum_{m=1}^{M} \gamma_t(j,m)} \tag{5.17}$$

$$\overline{\mu_{jm}} = \frac{\sum_{t=1}^{T} \gamma_t(j,m) \cdot O_t}{\sum_{t=1}^{T} \gamma_t(j,m)} \tag{5.18}$$

$$\overline{U_{jm}} = \frac{\sum_{t=1}^{T} \gamma_t(j,m) \cdot (O_t - \mu_{jm})(O_t - \mu_{jm})^{\mathrm{T}}}{\sum_{t=1}^{T} \gamma_t(j,m)} \tag{5.19}$$

式中,$\gamma_t(j,m)$ 表示在当前时刻 t 和混合系数 m 下状态 x_j 对于观测值 O_t 的概率密度:

$$\gamma_t(j,m) = \left[\frac{\alpha_t(i)\beta_t(i)}{\sum_{j=1}^{N}\alpha_t(i)\beta_t(i)}\right]\left[\frac{c_{jm}\Im(O_t,\mu_{jm},U_{jm})}{\sum_{m=1}^{M}c_{jm}\Im(O_t,\mu_{jm},U_{jm})}\right] \quad (5.20)$$

MoG – HMM 的参数可以使用 Baum – Welch［BAU 72］和 Juang［JUA 85］的方程从连续观察中估计。MoG – HMM 由相同的变量 $\lambda = (A,B,\pi)$ 定义，其中 B 由参数 c_{jm}、μ_{jm} 和 U_{jm} 确定。

5.2.3 基于动态贝叶斯的状态评估

5.2.3.1 动态贝叶斯网络

动态贝叶斯网络（DBN）是对隐马尔可夫模型（及其变体，MoG – HMM、隐半马尔可夫模型：HSMM 等）以及卡尔曼滤波器的扩展［MUR 02］。与后两者相比，DBN 具有以下优点：

（1）通过采用新的、更有效的推理算法来减少计算量［MUR 02］。这使得基于退化模型来进行更快的学习和推理成为可能，尤其是在多状态以及复杂观测矩阵的情况下。

（2）在初始参数和动态（随机）两个层面进行模型的定义，使得复杂模型的表达更加简单。

（3）放宽了卡尔曼滤波器中学习和推理过程中噪声模型的相关假设。

Murphy 所做关于 DBN 的定义和形式化的工作为该工具在多个工程领域的开发和使用提供了强大的框架［MUR 02］。

DBN 是对 Pearl 引入的贝叶斯网络（BN）的扩展［PEA 88］。BN 是一种形式框架，它统一了统计学中概率建模的不同概念。它使通过有向无环图（DAG）和条件概率表（CPT）估计模型中不同变量的条件概率分布成为可能。通过这种方式，BN 可用于计算依赖于其他事件的发生概率，这些事件通过因果关系与第一个事件相关联。DBN 最初由 Dean 和 Kanazawa［DEA 89］作为 BN 的概括引入，其中变量被认为是随时间变化的随机过程（例如退化）。如果研究对象在时间间隔 $1 \leq t \leq T$ 内演化的状态变量 X_t，则 DBN 表示该时间间隔内的概率分布。这种演变可通过静态 BN（图 5.4，ExRB）的形式进行建模，这使得它可以在有限的持续时间 T 内得到利用，或者通过 DBN 的紧凑形式进行表达（图 5.4，ExRBD）。同时，它可以通过利用条件概率（马尔可夫特性）来确定任何时刻 T 的状态变量分布。

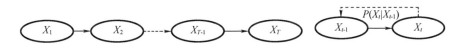

图 5.4 根据［MUL 05］，通过 BN 和 DBN 表示随机马尔可夫过程：ExRB 扩展解（BN）和 ExRBD 紧凑解

根据［MUR 02］，DBN 由 $(B_1,B\rightarrow)$ 定义，其中 B_1 是定义随机变量 $P(Z_1)$ 初始概率分布的 BN［例如在 HMM 的情况下，$Z_t = (X_t,O_t)$］，并且 $B\rightarrow$ 是一个两层的时间贝叶斯网络，它表示变量概率分布之间的关系，在两个连续时刻之间，$P(Z_t|Z_{t-1})$ 由 DAG 得：

$$P(Z_t | Z_{t-1}) = \prod_{i=1}^{N} P[Z_t^i | Pa(Z_t^i)] \tag{5.21}$$

式中,Z_t^i 是在时刻 t 的随机变量 i(例如 X_t、O_t),而 $Pa(Z_t^i)$ 是它在 DAG 图中的相关变量(或随机变量)。两个时刻之间的转移概率 $P(Z_t | Z_{t-1})$ 由在时间上不变的条件概率分布(CPD)定义。

在 DBN 中,节点相关的 $Pa(Z_t^i)$ 可以位于相同的时间片中,或在前一个时间片中。DBN 的边缘(在两个时间片之间)代表瞬时因果关系,这些边从左到右指向,它们代表时间上的因果流。DBN 和 HMM 之间的主要区别在于,前者的隐藏状态可以由一组随机变量 $X_t^1, \cdots, X_t^{Nh}$ 表示;而对于 HMM,状态空间由单个随机变量 X_t 描述。因此,DBN 以更简单的方式处理复杂结构,其中变量之间的依赖关系用 HMM 难以表示。

如果 DBN 符合以下条件,则它是可行的[MUL 05, MUR 02]:

时间以离散方式表示,$t = 1, 2, \cdots, T$(离散时间过程);

节点可以按包含 n 个相同变量的时间瞬间分组,$Z_t^1, \cdots, Z_t^n$(同步模型);

时间片 t 的变量 Z_t^n 仅取决于同一时间片 t 的变量或前一个时间片 $t-1$ 的变量(马尔可夫特性);

条件概率分布与时间无关(静止条件或均匀过程的假设)。

5.2.3.2 通过 DBN 表示 HMM 和 MoG – HMM

图 5.5 为通过 RBD 表示的 HMM。基于 DBN 进行图形表示的约定是用灰色标记观察到的节点(变量),并将隐藏变量标记为白色。该图满足独立条件 $X_{t+1} \perp X_{t-1} | X_t$(马尔可夫性质),并且对于 $t' \neq t, O_t \perp O_{t'} | O_t$。

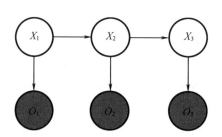

图 5.5 通过 DBN 表示的 HMM

一旦确定了可观察变量和隐藏变量,下一步就是定义每个节点的条件概率。特别是对于图 5.5 中的 HMM,它是一个指定 $P(X_1)$、$P(X_t | X_{t-1})$ 和 $P(O_t | X_t)$ 的问题。根据图 5.6 中对 HMM 进行泛化的 DBN,$P(X_1)$ 的 CPD 由定义模型初始概率分布的向量表示,即 $P(X_1 = i) = \pi(i)$,其中 $0 \leq \pi(i) \leq 1$ 且 $\sum_i \pi(i) = 1$。节点 $P(X_t) = P(X_t = x_j | X_{t-1} = x_i)$ 的 CPD 由一个随机概率矩阵 $A(i, j)$ 表示,其中每一列表示从一个状态转移到另一个状态的条件概率。在这个 DBN 中,观测值 $P(O_t = v_k | X_t = x_i)$ 的 CPD 也可以由随机矩阵 $P(O_t = v_k | X_t = x_i) = \mathbf{B} = \{b_i(k)\}$ 定义。由于假设 HMM 的参数在时间上是不变的,因此它

们可以仅用四个节点和三个 CPD 表示,而与模型中的状态数量无关(图 5.6,DBNHMMgen)。通过 DBN 表示 HMM 的另一个优点是可以轻松地对 HMM 的其他变体(MoG-HMM、HSMM 等)进行建模。

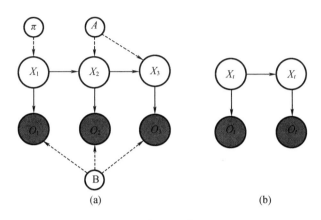

图 5.6 通过 DBN 表示 HMM

(节点的 DBNHMMdet 模型和 DBNHMMgen 通用紧凑模型,其中 $P(X_1 = i) = \pi(i)$,$P(X_t) = P(X_t = x_j | X_{t-1} = x_i) = A(i,j)$,$P(O_t = v_k | X_t = x_i) = \boldsymbol{B} = \{b_i(k)\}$)

在实践中,有许多应用中的观测值是连续的。在这种情况下,最合适的模型是 MoG-HMM。它可以由 DBN 表示[MUR 02]。事实上,可以通过混合高斯函数来定义 $P(O_t = v_k | X_t = x_i)$。图 5.7 说明概括了这种情况的 DBN。该方法包括添加表征混合系数权重 c_{jm} 的新节点(C),并指定不同变量之间的关系,即与状态和混合相关的观察条件。这为节点 O 和 C 提供了 CPD 的新定义:

$$P(O_t | X_t = x_i, C_t = m) = \mathcal{N}(O_t, \mu_{im}, U_{im}) \quad (5.22)$$

$$P(C_t = m | X_t = x_i) = c_{im} \quad (5.23)$$

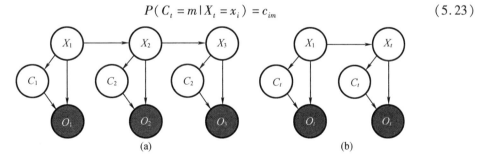

图 5.7 通过 DBN 表示 MoG-HMM

(在三个时刻开发的 MoGHMMRBDder 模型和 MoGDBNHMMgen 通用紧凑模型)

一旦基于 DBN 的 MoG-HMM 建立起来,就有一系列可用的算法来解决三个典型问题:检测、解码和学习。关于应用程序,我们假设图形结构是已知的(图 5.7 中的 MoG-HMM,MoGDBNHMMgen)。在这种情况下,为了估计代表关键组件退化的 MoG-HMM 参数,我们采用现有算法[BEN 03a,MUL 05]。这些算法之间的差异取决于学习数据和/或 DBN 结构是完全已知还是部分已知(表 5.2)。对于我们所关心的,最合适的算法是期望最大化算法(EM)[MCL 97, MEN 97]或 EM 与最大后验概率估计算法(MAP)[SPI 90]的组合。

表 5.2 基于参数学习的 DBN 算法 [BEN 03a, MUL 05]

	已知结构	未知结构
完整数据	- 贝叶斯算法 - 最大似然 - MAP	- 最优树搜索(MWST) - K2 算法 - PC 算法 - 贪婪搜索算法
不完整数据	- EM - EM + MAP	- 结构化 EM

在对模型参数进行估计后,模型便可代入新的观察值在线使用,以识别元件的健康状态。因此,预测过程存在不同的算法,取决于推理是精确的还是近似的[MUR 02](表 5.3)。推理过程主要取决于模型隐藏节点所代表的变量类型。如果所有隐藏变量都是离散的(如 HMM 的情况),则可以使用精确方法来估计参数 α 和 β,并提供解码和检测问题的解决方案。相反,可以使用近似方法,该方法利用确定性或随机技术来计算概率 $P(O|\lambda)$ 和 $P(X_t = x_i | O_t, \lambda)$。

表 5.3 DBN 的推理方法

精确推理	近似推理确定性	随机推理
- 向前 - 向后 - 前沿算法 - 接口算法(连接树) - 孤岛算法	- 博延 - 科勒算法 - 因子前沿算法 - 循环信念传播(LBP) - 期望传播	- 粒子过滤器(PF) - 饶 - 布莱克威尔 PF

注:更多相关详细信息请参阅 [MUR 02]。

5.2.3.3 MoG - HMM 和 DBN 模型的参数选择

以 DBN 表示 MoG - HMM 需要定义状态数 S 和混合数 M。状态数可以因应用而异,可以通过两种方式确定:要么由所研究系统(或关键组件)的专家经验提供,要么从监测数据的分析中获取。在第一种情况下,专家可以根据他/她对关键元件的退化机制认知或可用的经验反馈来建议要采用的状态数量。以轴承为例,专家可以提出三种状态,分别对应轴承的正常、退化和故障状态。在第二种情况下,状态数是模型进行数据学习分析后确定的。这些数据在多维空间中的表示可以揭示组件状态的不同阶段分区。但是,在这两种情况下状态数都不应过多,以便保持合理的学习和推理时间。混合量的数量是根据敏感性研究设

置的,如图5.8所示。对于每条数据记录,模型的参数对于混合数 M 的不同值都会被学习。一旦估计了参数,就可以计算出与模型对应的似然概率 $P(O|\lambda_{DBN})$,M 的保留值是似然开始收敛后的值。至于状态数量和混合量数量都不应该很高,以便在合理的时间内执行学习和推理。

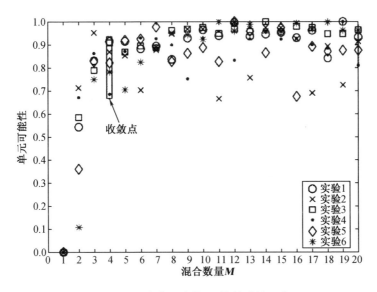

图5.8 确定混合数 M 的敏感性研究

5.3 行为预测与 RUL 评估

5.3.1 方法:基于动态贝叶斯网络的预测方法

下面,我们将介绍如何利用基于 DBN 建立的 MoG-HMMs 来模拟关键元件的退化过程,同时评估其当前健康状态并预测其剩余使用寿命。根据图5.1的介绍,故障预测分两个阶段进行:

(1)处理传感器传递的信号以提取相关特征,从而揭示影响关键元件的退化现象;使用这些特征来训练模型,这些模型能够提供有关元件在使用过程中的不同健康状态信息。

(2)在线利用训练好的模型来识别受监控元件的状态并估计其 RUL。更具体地说,为了对关键元件的退化过程进行建模并预测其随时间的进展,需要执行以下步骤[TOB 11a]。

①通过 DBN 定义 MoG-HMM 的变量(对应于退化阶段的离散状态数、对应于所采用特征的观测数以及更好地表示观测值的高斯混合数)。

②创建 DBN 的结构(创建边缘和状态之间的转换,图5.7,MoGDBNHMMgen)。

③使用现有算法估计 DBN 模型的参数 π、A 和 B(表5.2)。

④通过使用现有算法(表5.3)在线利用获得的模型。

这种方法的独创性在于 MoG－HMM 模型不同状态的持续时间不遵循指数规律。事实上,与经典的 HMM 不同,MOG－HMM 状态持续时间是从监测数据中学习的,这使得获得更精确和具有代表性的持续时间和 RUL 预测成为可能。此外,所提出的 MoG－HMM 模型可以假设任意拓扑:左右、右左或遍历。

5.3.2 状态序列学习

这是该方法的第一阶段,它是在线运行的。通过对传感器采集的原始数据进行数据处理,提取与用于表征退化过程 MoG－HMM 模型(图5.7)的相关特征。每个监测信号(属于记录 γ)被转换成矩阵 D_Y^γ,其中每列(Y 个单元的)对应于记录 γ 在时刻 t 的特征。

$$\text{Raw records } \gamma \rightarrow D_Y^\gamma(t) = \begin{pmatrix} D_1(t) & \cdots & D_1(T^\gamma) \\ \vdots & \ddots & \vdots \\ D_Y(t) & \cdots & D_Y(T^\gamma) \end{pmatrix} \begin{array}{l} \forall\, 1 \leq t \leq T^\gamma \\ \forall\, 1 \leq Y \leq Y \\ \forall\, 1 \leq Y \leq H \end{array} \quad (5.24)$$

式中 T^γ——记录 γ 的总持续时间;

H——记录总数。

这些特征用于估计 MoG－HMM 模型的参数 π、A 和 B,以及它们的时间参数(每个状态的持续时间)。参数 π、A 和 B 是通过 Baum－Welch 提出的期望最大化算法(EM)获得的[BAU 67],并由 Murphy 推广到 DBN[MUR 02]。在我们提出的方法中,为了让 MoG－HMM 模型采用最合适的形式,这些参数以随机方式初始化。每个 MoG－HMM 的状态数 N 取决于所研究的关键元件。例如,在轴承中 3 个状态就足够了[TOB 11d],而在数控机床的刀具中,需要 5 个状态来表征不同的磨损区域[TOB 11b]。关于观测矩阵 B 中最佳高斯混合数 M 的估计,可通过 EM 算法获得使模型达到似然最大化的混合数。MoG－HMM 的时间参数是通过使用 Viterbi 算法来估计的[VIT 67]。该算法利用相应模型的参数 π、A 和 B 以及当前观测值(特征) $O_t = D_Y^\gamma(t)$,通过数据记录 γ 估计状态的序列(图5.9),在此基础上,通过考虑这个状态序列并假设每个状态的状态持续时间遵循正态分布,可以估计每个状态的平均状态持续时间 $\mu_d(x_i)$ 及其标准偏差 $\sigma_d(x_i)$[方程(5.25)]。获得的状态序列还用于识别最终状态 x_{final},它对应于元件的故障(图5.9)。

$$\mu_d(x_i) = \frac{1}{\Omega} \sum_{w=1}^{\Omega} \Delta(x_{iw})$$

$$\sigma_d(x_i) = \sqrt{\frac{1}{\Omega} \sum_{w=1}^{\Omega} \{\Delta(x_{iw}) - \mu[\Delta(x_i)]\}^2} \quad (5.25)$$

式中 $\Delta(\cdot)$——持续时间;

i——状态的索引;

w——访问的索引;

Ω_{xi}——研究数据记录 γ 的总访问次数。

每个 DBN 表示一个 MoG－HMM 模型,由式(5.26)给出:

$$\lambda_{\text{DBN}} = [\pi, A, B, \mu_d(x_i), \sigma_d(x_i), \Omega_{x_{\text{final}}}] \tag{5.26}$$

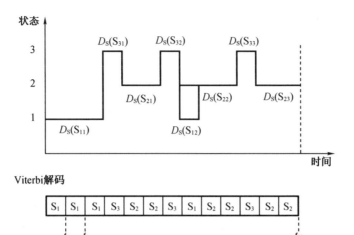

图 5.9　Viterbi 算法得到的状态序列示例

5.3.3　健康状态检测和 RUL 评估

在这个阶段,学习阶段获得的 MoG-HMMs 模型用于检测关键元件的当前状态并估计其 RUL。为此,需要从测试元件的监测信号中提取的特征被不断地输入到学习模型中,以便选择最能代表当前观察结果的模型。模型的选择过程是基于不同模型相对于当前观测值的概率 $P(O|\lambda_{\text{DBN}})$ 计算的;使用选定的模型来检测当前状态、估计组件的 RUL 并计算执行预测的置信区间。这些操作分五个步骤执行,如下所述。

(1) 在学习模型中识别模型 λ_{DBN},它代表当前的观察结果最优(图 5.10)。最优模型对应于产生最高概率 $P(O|\lambda_{\text{DBN}})$ 的模型,使用向前-向后算法计算。

(2) 对应元件当前状态的识别。为此,将 Viterbi 算法应用于选定的 DBN 模型,以计算当前观测值对应的状态序列。序列末尾重复次数最多的状态保留为活动状态(元件的当前状态)。

$$\text{状态序列} = (x_1, x_2, \cdots, x_t) \tag{5.27}$$

式中,t 为当前时间。

$$\text{最终状态} = (x_{t-l}, \cdots, x_{t-2}, x_{t-1}, x_t) \tag{5.28}$$

式中,l 为遗忘因子。

(3) 根据当前状态、最终状态和所选 DBN 的转移概率矩阵 A 来计算从当前状态开始到达最终状态(失效)的路径。为此,考虑每个状态,所有非零转移概率 a_{ij} 都用于定义最短路径;而最长的路径是通过最多状态的路径(图 5.11)。

(4) 使用之前定义的路径来计算关键元件的 RUL 值。该值根据所选 DBN 模型估计状态持续时间获得。利用状态持续时间的标准偏差计算与 RUL 关联的置信度值。根据以下等式计算区间 α 的置信系数 n:

$$\varPhi(n) = \frac{\alpha + 100}{200} \quad (5.29)$$

式中,$\varPhi$ 是中心正态定律,$\alpha \in [0, 100]$。利用该式可以估计 RUL 的三个值:上限 $\text{RUL}_{\text{upper}}$,平均,$\text{RUL}_{\text{mean}}$ 和下限 $\text{RUL}_{\text{lower}}$:

$$\text{RUL}_{\text{upper}}(t) = \sum_{i=\text{当前状态}}^{N} [v_i \cdot \mu_d(x_i) + n \cdot \sigma_d(x_i)] - \tilde{t}_{\text{ac}} \quad (5.30)$$

$$\text{RUL}_{\text{mean}}(t) = \sum_{i=\text{当前状态}}^{N} v_i \cdot \mu_d(x_i) - \tilde{t}_{\text{ac}} \quad (5.31)$$

$$\text{RUL}_{\text{lower}}(t) = \sum_{i=\text{当前状态}}^{N} [v_i \cdot \mu_d(x_i) - n \cdot \sigma_d(x_i)] - \tilde{t}_{\text{ac}} \quad (5.32)$$

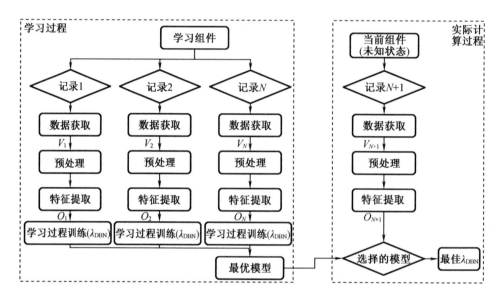

图 5.10 选择代表当前观测值的最佳模型

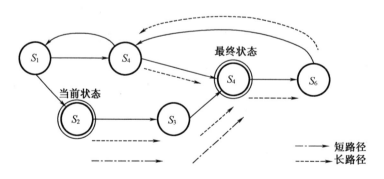

图 5.11 短路径和长路径的定义

在式(5.30)~式(5.32)中,$\tilde{t}_{\text{ac}}$ 表示组件处于活动状态所用的时间。该时间由以下等式计算:

$$\tilde{t}_{\text{ac}} = \begin{cases} 0, & x_t \neq x_{t-1} \\ \tilde{t}_{\text{ac}}(t-1) + \Delta t, & x_t = x_{t-1} \end{cases} \quad (5.33)$$

变量 v_i 表示到达状态 x_i 之前的剩余次数,该变量被初始化为达到状态 x_i 所需的访问次数,即 $v_i = \Omega_{xi}$。每当状态 $[x_t \neq x_{t-1} \wedge \lambda_{DBN}(t-1) = \lambda_{DBN}(t)]$ 或模型 $[\lambda_{DBN}(t) \neq \lambda_{DBN}(t-1)]$ 发生变化时,变量 v_i 减 1。

5.4 应用和讨论

5.4.1 测试的数据和协议

数控机床在工业中被广泛使用,据统计这些机器 20% 的故障归因于切削刀具的磨损和破裂,从而导致生产力损失 [KUR 97]。因此,预测这些刀具的磨损有助于提高机器的可用性和安全性,同时可确保设备可接受的运行状态和低维修成本。

本章提出的健康状态估计和 RUL 预测方法已应用于"2010 年预测数据挑战"[PHM 10] 的数据,这些数据对应于刀具完全磨损之前使用的不同阶段。这些实验的作者记录了切割过程中来自力传感器、加速度计和声发射传感器的数据,并测量了每次切割后的磨损量(图 5.12)。此应用程序发布的实验数据对应于在恒定操作条件下执行的三个测试:切削刀具转速等于 10 400 r/min、刀具进给速度为 1 555 mm/min、径向切深 Y 等于 0.125 mm 和轴向切削深度 Z 设置为 0.2 mm,数据以 50 kHz 的频率记录。使用了三个数据集:两个数据集用于学习阶段(刀具 1 和 4),一个用于测试(刀具 6)。每个刀具执行 315 次切割,并在相关数据记录的末尾被认为是乱序的。在切割过程中,记录了三种类型的信号:力、振动和声发射。

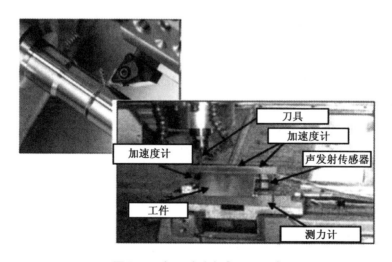

图 5.12 加工试验台 [PHM 10]

在进入 DBN 模型的学习阶段之前,我们对切削数据进行了聚类,以区分每种刀具的不同磨损程度。图 5.13 说明了使用 k 均值算法对不同聚类进行多次切割的结果。对于刀具 1 在 315 次切削中,前 32 次属于磨损阶段 1,接下来的 126 次属于磨损阶段 2,接下来的 59

次属于磨损阶段3,之后的51次属于磨损阶段4,最后47次切割被归类为磨损阶段5。

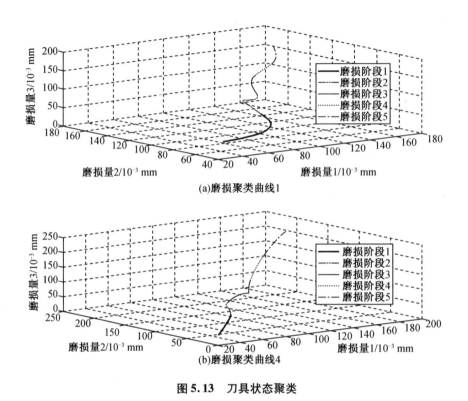

图5.13 刀具状态聚类

5.4.2 健康状态辨识

在学习阶段,学习到的 MoG-HMM 模型(由 DBN 表示)分为两组。第一组包含对应于全局磨损阶段的模型(每个阶段是所有数据记录的平均值)。这些模型存储在称为全局磨损模型基础数据库中。第二组包含记录每个磨损阶段和每个数据的模型,它是局部磨损模型的基础。因此,如果 W 代表磨损阶段,H 代表数据记录,则全局模型包含 W 个模型,局部模型包含 $W \times H$ 个模型。第二组可以获取状态序列并计算每个状态的磨损量。通过使用 Viterbi 算法,同样可以找到属于特定状态的切割周期(图5.14)。假设每个阶段的磨损遵循正态规律,则可以估计每个磨损 Wr 的均值和标准差,以及每个状态下两次切割周期之间磨损变化的均值和标准差[式(5.34)和式(5.35)]:

$$\mu[\mathrm{Wr}_w^h(S_i)] = \frac{1}{T_c} \sum_{c=st}^{C_1} \mathrm{wr}_w^h(c)$$

$$\mu[\Delta\mathrm{Wr}_w^h(S_i)] = \frac{1}{T_c} \sum_{c=st+1}^{C_1} [\mathrm{wr}_w^h(c) - \mathrm{wr}_w^h(c-1)] \quad (5.34)$$

$$\sigma[\mathrm{Wr}_w^h(S_i)] = \frac{1}{T_c} \sum_{c=st}^{C_1} \{\mathrm{wr}_w^h(c) - \mu[\mathrm{wr}_w^h(S_i)]\}^2$$

$$\sigma[\mathrm{Wr}_w^h(S_i)] = \frac{1}{T_c}\sum_{c=st+1}^{T_c}\{[\mathrm{wr}_w^h(c) - \mathrm{wr}_w^h(c-1)] - \mu[\Delta\mathrm{Wr}_w^h(S_i)]\}^2 \qquad (5.35)$$

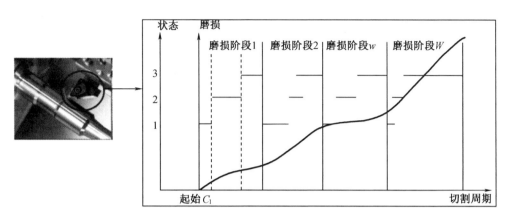

图 5.14 磨损演变的状态序列

在这些公式中，Wr_w^h 表示阶段 w ($w = 1, \cdots, W$) 和记录 h ($h = 1, \cdots, H$) 的磨损，i 是状态指数，c 是切割索引，st 是切割的开始，C_1 是切割的极限，$T_c = C_1 - st + 1$。因此，在学习阶段可获得了一个紧凑的 DBN 模型：

$$\lambda = \{\mathrm{DBN}_w(\theta), \mathrm{DBN}_w^h(\theta), \mu[\mathrm{Wr}_w^h(S_i)], \mu[\Delta\mathrm{Wr}_w^h(S_i)], \sigma[\mathrm{Wr}_w^h(S_i)], \sigma[\Delta\mathrm{Wr}_w^h(S_i)]\}$$

其中 λ 表示模型，$\mathrm{DBN}_w(\theta)$ 是对磨损阶段 w 的行为进行建模并恢复所有数据记录 H 的 DBN 参数，$\mathrm{DBN}_w^h(\theta)$ 代表磨损阶段 w 的 DBN 参数，$\mu[\mathrm{Wr}_w^h(S_i)]$ 和 $\mu[\Delta\mathrm{Wr}_w^h(S_i)]$ 表示磨损的平均值和磨损阶段 w 中状态 i 的磨损变化的平均值，其通过数据记录 h 计算。同理，$\sigma[\mathrm{Wr}_w^h(S_i)]$ 和 $\sigma[\Delta\mathrm{Wr}_w^h(S_i)]$ 分别表示磨损的标准偏差和磨损阶段 w 状态 i 下磨损变化的标准偏差，其也通过数据记录 h 计算。

在这个应用程序中，MoG-HMM 的参数（通过对应于全局和局部模型的 DBN 表示）首先随机初始化，这些 MoG-HMM 仅限于左右拓扑。然后，将从原始信号中提取的特征注入学习算法中以重新估计初始参数，每个 MoG-HMM 中的高斯数设置为 2。使用 Murphy 提出的工具箱学习算法生成了 15 个 DBN(5 个在全局模型的基础上，10 个在本地模型的基础上)[MUR 02]。下面给出了与磨损阶段 1 全局 DBN 相关的 MoG-HMM 模型中重新估计的 $\boldsymbol{\pi}$、$\boldsymbol{A}$ 和 $\boldsymbol{M}$。

$$\boldsymbol{\pi} = \begin{pmatrix} 1 \\ 0 \\ 0 \end{pmatrix}, \quad \boldsymbol{A} = \begin{pmatrix} 0.8 & 0.2 & 0 \\ 0 & 0.75 & 0.25 \\ 0 & 0 & 1 \end{pmatrix}, \quad \boldsymbol{M} = \begin{pmatrix} 0.4 & 0.6 \\ 0.5 & 0.5 \\ 0.58 & 0.42 \end{pmatrix} \qquad (5.36)$$

图 5.15 给出了刀具 1 的数据记录中属于磨损阶段 1 的切削状态序列，表 5.4 中提供了平均磨损量变化，以及该数据记录的相对标准偏差。

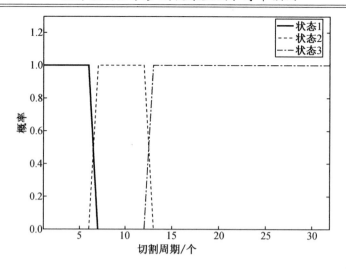

图 5.15 状态序列

表 5.4 10^{-3} mm 内的参数估计

参数	S_1	S_2	S_3
$\mu(\mathrm{Wr}_1^1)$	31.929 7	44.390 4	51.927 2
$\sigma(\mathrm{Wr}_1^1)$	10.908 8	6.835 9	5.371 4
$\mu(\Delta\mathrm{Wr}_1^1)$	2.616 5	2.006 3	1.221 1
$\sigma(\Delta\mathrm{Wr}_1^1)$	0.638 0	0.319 9	0.182 4

5.4.3 RUL 评估

在测试阶段,首先,将当前的观察结果输入到训练好的模型中,以选择最佳模型并识别当前的磨损阶段 w;然后,在确定磨损阶段的基础上寻找对应于观察值的局部模型;最后,将 Viterbi 算法应用于所选模型以找到隐藏状态序列,从而识别当前磨损并计算磨损量和磨损量的变化。这是通过在最后获得的状态序列中选择最佳状态来实现的。该状态保存在全局状态序列 $G_w^h(S_i)$ 中,并存储在包含当前和先前状态的单元中。

$$状态序列 = (S_1, S_2, \cdots, S_c)$$

其中,c 为当前切割周期。

$$上一时刻状态 = (S_{c-p}, \cdots, S_{c-2}, S_{c-1}, S_c) \tag{5.37}$$

其中,p 为上一时刻观测值。

通过获得的状态序列和学习值 $\mu[\mathrm{Wr}_w^h(S_i)]$,$\mu[\Delta\mathrm{Wr}_w^h(S_i)]$,$\sigma[\mathrm{Wr}_w^h(S_i)]$ 和 $\sigma[\Delta\mathrm{Wr}_w^h(S_i)]$ 估计相应刀具的磨损量,将每个单元的当前状态与前一个状态(前一个单元)进行比较。如果状态相同,则将平均磨损变化 $\mu[\Delta\mathrm{Wr}_w^h(S_i)]$ 添加到磨损相同状态,置信限使用置信因子 n 计算;否则,磨损和置信限根据等式 (5.38)~(5.40) 更新状态。

$$\hat{W}r_u(c) = \begin{cases} \mu[Wr_w^h(S_i)] + n \cdot \sigma[Wr_w^h(S_i)], [G_w^h(S_i)]_c = 1 \vee [G_w^h(S_i)]_c \neq [G_w^h(S_i)]_{c-1} \\ \hat{W}r_m(c-1) + \{\mu[\Delta Wr_w^h(S_i)] + n \cdot \sigma[\Delta Wr_w^h(S_i)]\}, [G_w^h(S_i)]_c = [G_w^h(S_i)]_{c-1} \end{cases}$$
(5.38)

$$\hat{W}r_m(c) = \begin{cases} \mu[Wr_w^h(S_i)], [G_w^h(S_i)]_c = 1 \vee [G_w^h(S_i)]_c \neq [G_w^h(S_i)]_{c-1} \\ \hat{W}r_m(c-1) + \mu[\Delta Wr_w^h(S_i)], [G_w^h(S_i)]_c = [G_w^h(S_i)]_{c-1} \end{cases}$$
(5.39)

$$\hat{W}r_l(c) = \begin{cases} \mu[Wr_w^h(S_i)] - n \cdot \sigma[Wr_w^h(S_i)], [G_w^h(S_i)]_c = 1 \vee [G_w^h(S_i)]_c \neq [G_w^h(S_i)]_{c-1} \\ \hat{W}r_m(c-1) + \{\mu[\Delta Wr_w^h(S_i)] - n \cdot \sigma[\Delta Wr_w^h(S_i)]\}, [G_w^h(S_i)]_c = [G_w^h(S_i)]_{c-1} \end{cases}$$
(5.40)

最后,将估计的磨损量用于计算 RUL。磨损量是利用三个向量 $\hat{W}r = (\hat{W}r_u, \hat{W}r_m, \hat{W}r_l)$ 中存储的信息得到的,然后调整包含磨损量的每个向量以拟合与当前磨损阶段 w 具有相同阶数的多项式模型 $\hat{P}(\hat{W}r, \beta)$:

$$\hat{P}(\hat{W}r, \beta) = \sum_{i=0}^{w} \beta_i \hat{W}r^i \quad (5.41)$$

磨损量与极限磨损阈值相比的演变可以用于估计 RUL,RUL 可以根据以下等式获得:

$$RUL(c) = Wr_{limit} - \frac{\hat{P}[\hat{W}r_u(t), \beta] + \hat{P}[\hat{W}r_m(t), \beta] + \hat{P}[\hat{W}r_l(t), \beta]}{3} \quad (5.42)$$

编号 6 刀具的磨损量预测和 RUL 估计结果如图 5.16 所示,对于 RUL 预测已经考虑了 140×10^{-3} mm 的限制阈值。

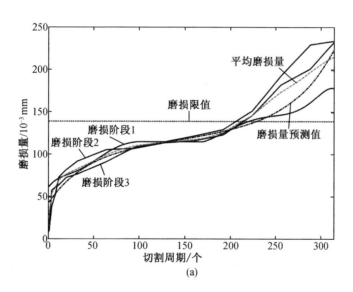

(a)

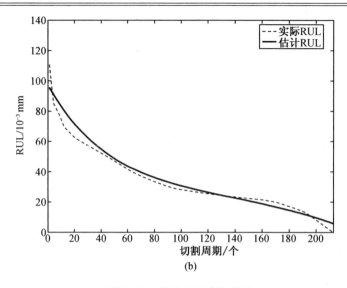

图 5.16 刀具 6 的磨损估计

(通过使用刀具 1 和刀具 4 的数据作为学习数据,进而预测刀具 6 的 RUL)

5.5 本章小结

正如第 4 章所介绍的,预测是基于健康指标(特征)的可用性,建立可用于训练和预测的模型,进行预测有如下两种选择:

(1)预测特征的演变,然后对系统状态进行分类以确定剩余使用寿命;

(2)估计系统在每个时刻的健康状态并预测未来的状态序列以进行预测。

本章讨论第二种。通过使用动态贝叶斯网络来模拟受监控元件的退化过程,并以这种方式获得健康状态的估计器/预测器。DBN 是马尔可夫隐藏模型和卡尔曼滤波器的扩展。它们使得以有向无环图的形式表示关键元件的退化演变成为可能,即从特征矩阵中学习退化模型(参数估计),并考虑输入数据和元件的运行条件。此外,DBN 具有可生成易于用户解释结果的特点。具体而言,我们提出了一种由两个阶段组成的实施方法。

(1)离线:构建模型库,在可用数据的基础上,一旦构建了特征矩阵,就可以学习每个运行条件的特征退化模型。退化特征的整个集合构成了模型的基础,可用于预测。

(2)在线:状态的估计器/预测器,利用当前的观察结果在线找到最适合的退化过程模型;然后使用 DBN 模型来估计受监控元件的健康状态,并预测未来状态的序列,通过与一些阈值的比较,估计失效前的剩余寿命。

需要注意的是，本章提出的方法是非常通用的。它可以应用于以单维(状态指标)方式或多维方式(特征矩阵)描述退化机制的问题。然而，一个主要问题在于故障阈值的定义，特别是在考虑多维情况时：实际上，阈值是动态的并且它们会根据所研究的元件、操作条件和使用环境而变化。在另一个层面上，尽管预测结果令人鼓舞，但这种方法也面临生成和保留模型的验证问题。预测过程应确保构建的 DBN 准确描述了部件退化行为，同时考虑接口关系和使用条件。这是通过迭代试错过程实现的，这可能会浪费很多时间。所有这一切再次造成了预测的不确定性问题，这是目前的主要障碍并影响 PHM 的决策。

第6章 总结与展望

6.1 总　　结

　　以较低的成本在运行条件下维持工业系统已成为提升绩效的关键因素,传统的预防性和纠正性维修概念正逐渐被一种更加主动的维修理念所替代。考虑到这一目标,自过去20年以来,人们对预测和健康管理的兴趣越来越浓厚。在全球范围内其原则是将监测设备上收集的一组原始数据转化为一个或多个健康指标,及时进行外推,从而有可能确定适当的维修政策,最重要的是根据情况进行决策辅助、控制和维修。在这个原则中,通常将七个子过程标识为PHM的基础(图1.6)。除了PHM在维修活动中所处的位置(第1章),本书更特别地讨论了与以下相关问题:一是在分析对象上获取原始数据;二是设计健康指标并进行数据处理;三是系统的监测和预测。

　　(1)数据获取:从系统到数据。在第2章中我们提出了一种通用的方法来获取监测数据,这些数据在PHM应用程序中是可靠的和可利用的。这种方法基于:

　　①分析关键元件;

　　②定义要监测的物理参数;

　　③选择要安装的传感器;

　　④采集和数据存储。

　　这些活动似乎属于工程领域的能力范围。然而,鉴于物理机理的复杂性,它们需要多学科的知识。此外,在与研究系统的制造商和用户的密切合作下,它们的性能得到了改善,因为这些制造商和用户对可能的退化性质有很强的专业认知。

　　(2)处理:从数据到健康指标。这一部分必须对收集的原始数据进行预处理,以便提取相关信息以揭示被监视系统的健康指标。这是我们在第3章中要讨论的主题。必须考虑三种互补的技术:

　　①特征提取;

　　②特征降维/选取;

　　③构建健康指标。

　　特征提取是一组方法(主要来自信号处理领域),旨在从时间域、频率域和时频域提取代表健康状态的特征。特征降维/选取使得只保留包含基本信息或适合预期分析(检测、诊断或预测)的特征成为可能。另一种方式是构建一个状态指示器,以便跟踪关键元件的运行状况和健康状态。在构建该指示器时,需要有针对性的构建特征指标。该指标需要结合设备元件的退化机理进行综合考虑。

（3）状态监测、预测和剩余使用寿命：给定一组提取的特征，监测和预测的目标能够跟踪和推断元件在每个瞬间的健康状态进展，从而估计故障前的剩余时间（剩余使用寿命—RUL）。有两种可能的方法：

①从一种情况预测特征的演变，然后通过分类识别系统评估健康状态（第4章）；

②基于特征识别系统的当前状态（通过分类），然后预测其发展（第5章）。

无论采用哪种方法，都可以采用许多科学工具来执行预测和分类过程。这里的目的并不是要以绝对的方式来评判各自的表现。但是可以得出一个共同的特性：训练学习的必要性。事实上，能够直接设计退化系统的行为模型是非常罕见的。在能够估计和/或预测状态（在线）之前，必须通过学习（离线）识别模型的参数。

前面提到的PHM子流程已经很好地连接在一起，并且已经得到了一组经过验证的技术、方法和工具支持。然而，本书提出的方法尽管取得了令人鼓舞的成果，但仍然存在许多障碍（特别是在方法的验证方面）。当然，进一步的深入研究也是必要的，这个问题将在下面讨论。

6.2 展　　望

6.2.1　构建愿景

让我们考虑图6.1，在图中我们分解了PHM的步骤，以便充分分析三组过程：

（1）与PHM模块的输入数据有关（A区）；

（2）处理建模、分析和决策（B区）；

（3）旨在验证和确认（V&V）开发的项目（C区）。

（1）观测，主要的障碍是研究对象（监测系统）的具体情况、使用情况和数据采集过程。我们称这个集合为"context"。

①被建模系统的失效机理被部分理解或完全不理解：不管现象是否是可逆的，如何单独/组合多个退化、如何整合多个时间尺度的退化、如何描述一个状态、如何衡量系统部件之间的交互关系等。

②系统的行为显然取决于"历史数据"、取决于确定的任务剖面和预期的运行条件，但它也可能受到孤立部分的影响，如因维修而关闭。

③采集系统的特性是非常重要的：传感器的性质、测量的频率、"路由"和数据存储程序等。

此外，现象的复杂性（前两点）预示着缺乏完整的实验数据，无论仪器是否合适，如何以详尽的方式观察一切可能的情况。

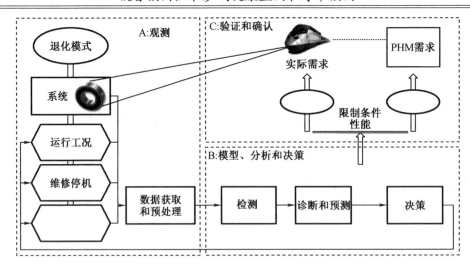

图6.1　PHM方法和验证过程

(2)模型、分析和决策。有关PHM的文献强调了与建模和分析过程(检测、诊断、预测)相关的科学挑战,特别是与不确定性管理相关的问题。在这一层次上,最明显的障碍是考虑到系统的具体特征(退化类型、应力的性质、操作条件等)和收集数据的性质(噪声、局部、不可解释等)。然而,更客观的分析表明这些问题虽然真实存在,但可能不是当今最关键的问题,特别地,应该把更多的精力用于方法研究。

(3)验证和确认。这方面仍然很少被探索,或者几乎没有被探索。然而,这是关于PHM的一个基本问题:如何确保开发的算法具有一定的性能水平。这再次提出了PHM方法的有效性问题。因此,V&V的这一过程与输入数据的性质密切相关,但也与性能方面的要求密切相关,必须事先定义和规定(如何设置预测的规模、允许误差、系统行为的可接受阈值等)。此外,这也说明了一个主要问题:如何分配这些性能(而不是如何在后验评估它们)。

6.2.2　当前的挑战

在前面分析的基础上,下面我们分析PHM的发展趋势。在这里,它不是在科学研究方面的问题,而是主要描述总体趋势,PHM的相关学者可以自己设置,主要结论如表6.1所示。

表6.1　面向新一代的PHM模块

	现在	未来	评述
观测	个性化	标准化	低可能性 在最好的情况下,这对同类系统是可能的

表 6.1(续)

	现在	未来	评述
模型、分析和决策	主观学习	客观学习	很大可能性 然而需要专门开发
验证和确认	不规范	系统化	中等可能性 性能规范化,并且数据足够用于 PHM 工具的测试。
	耗时,人力成本高	快速,自动执行	

(1) 观测。未来几年的第一个目标可能是试图标准化与"观测"有关的过程,并对监测系统的物理现象进行表征。但是仪表不可能以同样的方式测量一个电池和一个旋转的机器。因此,我们认为尽管这项工作对 PHM 的工业部署至关重要,但它只可能适用于同类系统:或按组件分组(轴承、皮带、电池等),或按物理现象分类(电化学、振动、热等)。

此外,很明显,PHM 的性能需求(与现象的动力学相关)是仪器仪表测量的决定因素:传感器的性质及其规格不会是相同的。这取决于决策时长:分钟(刀具)或数百小时(电池);否则取决于信号的采集频率:很高(有线测量)或非常低(远程查询传感器)等。

(2) 模型、分析和决策。PHM 开发的一个障碍是缺乏对所构建工具覆盖范围的分析。此外,为了朝着更"客观"的系统行为建模而摒弃基于学习的方法(内在不完整)是发展趋势。无论如何,这类方法必然会为非常特定的应用类型在非常特定的操作条件下创建。事实上,建立一个包括退化机理的模型需要对潜在的物理现象、其动力学和主要影响因素(任务概况、操作条件)有很好的了解。这并不总是可能的。

(3) 验证和确认。PHM 的验证和确认是关键的过程,目前还没有严格的程序。如图6.1所示,验证过程需要需求规范(根据 PHM 工具)。因此,从技术转让的角度来看,这是一个特别关键的步骤。此外,从我们的观点来看,不能简单在规模上验证技术的发展:为了在需求规范和绩效分配方面满足工程实践,与企业和科研院所的合作是必然的。

参 考 文 献

[ABB 06] ABBAS S. R., ARIF M., "New time series predictability metrics for nearest neighbor-based forecasting", IEEE Multitopic Conference, INMIC'06, pp. 100-105, 2006.

[AIZ 64] AIZERMAN M., BRAVERMAN E., ROZONOER L., "Theoretical foundations of the potential function method in pattern recognition learning", Automation and Remote Control, vol. 25, pp. 821-837, 1964.

[AKA 13] AKA R., LIA Y F., VITELLIA V. et al., "A genetic algorithm and neural network technique for predicting wind power under uncertainty", Chemical Engineering, vol. 33, pp. 1-6, 2013.

[ALB 86] ALBRECHT P., APPIARIUS J., SHARMA D., "Assessment of the reliability of motors in utility applications-updated", IEEE Transactions on Energy Conversion, vol. EC-1, pp. 39-46, 1986.

[ALL 77] ALLEN J. B., "Short term spectral analysis, synthesis, and modification by discrete Fourier transform", IEEE Transactions Acoustics, Speech, Signal Processing, vol. 25, no. 3, pp. 235-238, 1977.

[AN 13] AN D., CHOI J H., KIM N. H., "Prognostics 101: a tutorial for particle filter-based prognostics algorithm using matlab", Reliability Engineering & System Safety, vol. 115, pp. 161-169, 2013.

[ANT 11] ANTONINO-DAVIU J., AVIYENTE S., STRANGAS E. et al., "An EMD-based invariant feature extraction algorithm for rotor bar condition monitoring, Proceedings of the IEEE SDEMPED, pp. 669-675, 2011.

[ASC 03] ASCH G., Acquisition de données-du capteur à l'ordinateur, 2nd ed. Dunod, 2003.

[BAN 08] BANAKAR A., AZEEM M. F., "Artificial wavelet neural network and its application in neuro-fuzzy models", Applied Soft Computing, vol. 8, no. 4, pp. 1463-1485, 2008.

[BAR 05a] BARROS A., BÉRENGUER C., GRALL A., "On the hazard rate process for imperfectly monitored multi-unit systems", Reliability Engineering & System Safety, vol. 90, nos. 2-3, pp. 169-176, 2005.

[BAR 05b] BARUAH P., CHINNAM R., "HMMs for diagnostics and prognostics in machining process", International Journal of Production Research, vol. 43, no. 6, pp. 1275-1293, 2005.

[BAR 10] BARALDI P., POPESCU I. C., ZIO E., "Methods of uncertainty analysis in

[BAR 12] BARALDI P., MANGILI F., ZIO E. et al., "A kalman filter-based ensemble approach with application to turbine creep prognostics", IEEE Transactions Reliability, vol. 61, no. 4, pp. 966-977, 2012.

[BAR 13a] BARALDI P., CADINI F., MANGILI F. et al., "Model-based and data-driven prognostics under different available information", Probability Engineering Mechanics, vol. 32, pp. 66-79, 2013.

[BAR 13b] BARALDI P., CADINI F., MANGILI F. et al., "Prognostics under different available information", Chemical Engineering, vol. 33, pp. 163-168, 2013.

[BAR 13c] BARALDI P., COMPARE M., SAUCO S. et al., "Ensemble neural network-based particle filtering for prognostics", Mechanical Systems and Signal Processing, vol. 41, nos. 1-2, pp. 288-300, 2013.

[BAR 13d] BARALDI P., MANGILI F., ZIO E., "Investigation of uncertainty treatment capability of model-based and data-driven prognostic methods using simulated data", Reliability Engineering & System Safety, vol. 112, pp. 94-108, 2013.

[BAT 11] BATAINEH K., NAJI M., SAQER M., "A comparison study between various fuzzy clustering algorithms", Editorial Board, vol. 5, no. 4, p. 335, 2011.

[BAU 67] BAUM L., EGON J., "An inequality with applications to statistical estimation for probabilistic functions of a Markov process and to a model for ecology", Bulletin of the American Mathematical Society, vol. 73, pp. 360-363, 1967.

[BAU 72] BAUM L. B., "An inequality and associated maximization technique in statistical estimation for probabilistic functions of Markov processes", Inequalities, vol. 3, pp. 1-8, 1972.

[BE 10] BEN TAIEB S., SORJAMAA A., BONTEMPI G., "Multiple-output modeling for multistep-ahead time series forecasting", Neurocomputing, vol. 73, nos. 10-12, pp. 1950-1957, June 2010.

[BEL 08] BELLINI A., FILIPPETTI F., TASSONI C. et al., "Advances in diagnostic techniques for induction machines", IEEE Transactions on Industrial Electronics, vol. 55, no. 12, pp. 4109-4126, 2008.

[BEN 03a] BENDOU M., MUNTEANU P., "Learning Bayesian networks from noisy data", 5th International Conference on Enterprise Information systems (ICEIS), Angers, France, April 23-26, 2003.

[BEN 03b] BENGTSSON M., "Standardization issues in condition based maintenance", 16th Conference of Condition Monitoring and Diagnostic Engineering Management, Växjö University, Sweden, August 27-29, 2003.

[BEN 04] BENGTSSON M., Condition based maintenance systems an investigation of technical

	constituents and organization aspects, PhD Thesis, Department of Innovation, Design, and Product Development, Mälardalen University, 2004.
[BEN 12]	BENDJAMA H., BOUHOUCHE S., BOUCHERIT M. S., "Application of wavelet transform for fault diagnosis in rotating machinery", International Journal of Machine Learning and Computing, vol. 2, no. 1, pp. 82-87, 2012.
[BEN 13]	BENKEDJOUH T., MEDJAHER K., ZERHOUNI N. et al., "Remaining useful life estimation based on nonlinear feature reduction and support vector regression", Engineering Applications of Artificial Intelligence, vol. 26, no. 7, pp. 1751-1760, 2013.
[BEN 15]	BENKEDJOUH T., MEDJAHER K., ZERHOUNI N. et al., "Health assessment and life prediction of cutting tools based on support vector regression", Journal of Intelligent Manufacturing, vol. 26, no. 2, pp. 213-223, 2015.
[BEZ 81]	BEZDEK J. C., Pattern Recognition with Fuzzy Objective Function Algorithm, Plenum New York, 1981.
[BHA 08]	BHAT A. U., MERCHANT S., BHAGWAT S. S., "Prediction of melting point of organic compounds using extreme learning machines", Industrial and Engineering Chemistry Research, vol. 47, no. 3, pp. 920-925, 2008.
[BIS 06]	BISHOP C. M., Pattern Recognition and Machine Learning, Springer-Verlag, New York, 2006.
[BLO 99]	BLOCH H. P., GEITNER F. K., Machinery Failure Analysis and Troubleshooting, Elsevier, 1999.
[BOA 87]	BOASHASH B., BLACK P., "An efficient real-time implementation of the WignerVille distribution", IEEE Transactions Acoustics, Speech and Signal Processing, vol. 35, no. 11, pp. 1611-1618, 1987.
[BOA 88]	BOASHASH B., "Note on the use of the Wigner distribution for time frequency signal analysis", IEEE Transactions Acoustics, Speech and Signal Processing, vol. 36, no. 9, pp. 1518-1521, 1988.
[BOS 92]	BOSER B. E., GUYON I. M., VAPNIK V. N., "A training algorithm for optimal margin classifiers", Fifth Annual Workshop on Computational Learning Theory, Pittsburgh, ACM, pp. 144-152, 1992.
[BOU 11]	BOUCHIKHI E., CHOQUEUSE V., BENBOUZID M. et al., "A comparative study of time-frequency representations for fault detection in wind turbine", Proceeding of the IEEE IECON'2011, pp. 3584-3589, 2011.
[BYI 02]	BYINGTON C., ROEMER M., GALIE T., "Prognostic enhancements to diagnostic systems for improved condition-based maintenance", 2002 IEEE Aerospace Conference, Big Sky, MT, vol. 6, pp. 2815-2824, 2002.
[CAD 09]	CADINI F., ZIO E., AVRAM D., "Model-based Monte Carlo state estimation for condition-

based component replacement", Reliability Engineering & System Safety, vol. 94, no. 3, pp. 752-758, 2009.

[CAM 10] CAMCI F., CHINNAM R. B., "Health-state estimation and prognostics in machining processes", IEEE Transactions on Automation Science and Engineering, vol. 7, no. 3, pp. 581-597, 2010.

[CAM 13] CAMCI F., MEDJAHER K., ZERHOUNI N. et al., "Feature evaluation for effective bearing prognostics", Quality and Reliability Engineering International, vol. 29, no. 4, pp. 477-486, 2013.

[CAO 10] CAO J., LIN Z., HUANG G. B., "Composite function wavelet neural networks with extreme learning machine", Neurocomputing, vol. 73, nos. 7-9, pp. 1405-1416, 2010.

[CHE 04] CHELIDZE D., CUSUMANO J., "A dynamical systems approach to failure prognosis", Journal of Vibration and Acoustics, vol. 126, pp. 2-8, 2004.

[CHE 08a] CHENG S., AZARIAN M., "Sensor system selection for prognostics and health monitoring", Proceedings of the ASME 2008 International Design Engineering Technical Conferences & Computers and Information in Engineering Conference, 2008.

[CHE 08b] CHENG C. T., XIE J. X., CHAU K. W. et al., "A new indirect multi-step-ahead prediction model for a long-term hydrologic prediction", Journal of Hydrology, vol. 361, nos. 1-2, pp. 118-130, October 2008.

[CHE 09] CHENG S., PECHT M., "A fusion prognostics method for remaining useful life prediction of electronic products", IEEE International Conference on Automation Science and Engineering, CASE, pp. 102-107, 2009.

[CHE 10] CHEBIL J., NOEL G., MESBAH M. et al., "Wavelet decomposition for the detection and diagnosis of faults in rolling element bearings", Jordan Journal of Mechanical & Industrial Engineering, vol. 4, no. 5, pp. 260-266, 2010.

[CHE 12] CHEN B., ZHANG Z., SUN C. et al., "Fault feature extraction of gearbox by using overcomplete rational dilation discrete wavelet transform on signals measured from vibration sensors", Mechanical Systems and Signal Processing, vol. 33, pp. 275-298, 2012.

[CHE 16] CHEBEL-MORELLO B., NICOD J. M., VARNIER C., From Prognosis and Health Systems Managment to Predictive Maintenance 2, ISTE, London and John Wiley & Sons, New York, 2016.

[CHI 94] CHIU S. L., "Fuzzy model identification based on cluster estimation", Journal of Intelligent and Fuzzy Systems, vol. 2, no. 3, pp. 267-278, 1994.

[CHI 04] CHINNAM R. B., BARUAH P., "A neuro-fuzzy approach for estimating mean residual life in condition-based maintenance systems", International Journal of

Materials and Product Technology, vol. 20, no. 1, pp. 166-179, 2004.

[CHO 11] CHOOKAH M., NUHI M., MODARRES M., "A probabilistic physics-of-failure model for prognostic health management of structures subject to pitting and corrosionfatigue", Reliability Engineering & System Safety, vol. 96, no. 12, pp. 1601-1610, 2011.

[COB 09] COBLE J., HINES J. W., "Identifying optimal prognostics parameters from data: a genetic algorithms approach", Annual Conference of the Prognostics and Health Management Society, San Diego, CA, USA, September 27-October 1, 2009.

[COB 11] COBLE J., HINES J. W., "Applying the general path model to estimation of remaining useful life", International Journal of Prognostics and Health Management, vol. 2, no. 1, pp. 74-84, 2011.

[CÔM 09] CÔME E., OUKHELLOU L., DENOEUX T. et al., "Learning from partially supervised data using mixture models and belief functions", Pattern Recognition, vol. 42, no. 3, pp. 334-348, 2009.

[DAL 11] DALAL M., MA J., HE D., "Lithium-ion battery life prognostic health management system using particle filtering framework", Proceedings of the Institution of Mechanical Engineers, Part O: Journal of Risk and Reliability, vol. 225, no. 1, pp. 81-90, 2011.

[DAQ 03] DAQI G., GENXING Y., "Influences of variable scales and activation functions on the performances of multilayer feedforward neural networks", Pattern Recognition, vol. 36, no. 4, pp. 869-878, 2003.

[DAT 04] DATIG M., SCHLURMANN T., "Performance and limitations of the Hilbert-Huang transformation (HHT) with an application to irregular water waves", Ocean Engineering, vol. 31, nos. 14-15, pp. 1783-1834, 2004.

[DE 99] DE FREITAS J. G., MACLEOD I., MALTZ J., "Neural networks for pneumatic actuator fault detection", Transactions of South African Institute of Electrical Engineers, vol. 90, pp. 28-34, 1999.

[DEA 89] DEAN T., KANAZAWA K., "A model for reasoning about persistence and ausation", Artificial Intelligence, vol. 93, nos. 1-2, pp. 1-27, 1989.

[DEL 00] DELLACORTE C., LUKASZEWICZ V., VALCO M. et al., "Performance and urability of high temperature foil air bearings for oil-free turbomachinery", Tribology Transactions, vol. 43, no. 4, pp. 774-780, 2000.

[DIE 01] DIEBOLD F. X., KILIAN L., "Measuring predictability: theory and macroeconomic applications", Journal of Applied Econometrics, vol. 16, no. 6, pp. 657-669, 2001.

[DJU 03] DJURDJANOVIC D., LEE J., NI J., "Watchdog agent-an infotronics-based prognostics approach for product performance degradation assessment and prediction", Advanced Engineering Informatics, vol. 17, nos. 3-4, pp. 109-

125, 2003.

[DOA 05] DOAN C., LIONG S., KARUNASINGHE D., "Derivation of effective and efficient data set with subtractive clustering method and genetic algorithm", Journal of Hydroinformatics, vol. 7, pp. 219-233, 2005.

[DON 07] DONG M., HE D., "A segmental hidden semi-Markov model (HSMM)-based diagnostics and prognostics framework and methodology", Mechanical Systems and Signal Processing, vol. 21, no. 5, pp. 2248-2266, 2007.

[DON 08] DONG M., YANG Z. B., "Dynamic Bayesian network based prognosis in machining processes", Journal of Shanghai Jiaotong University (Science), vol. 13, pp. 318-322, 2008.

[DON 13] DONG S., TANG B., CHEN R., "Bearing running state recognition based on nonextensive wavelet feature scale entropy and support vector machine", Measurement, vol. 46, no. 10, pp. 4189-4199, 2013.

[DON 14] DONG H., JIN X., WANG C., "Lithium-ion battery state of health monitoring and remaining useful life prediction based on support vector regression-particle filter", Journal of Power Sources, vol. 271, pp. 114-123, 2014.

[DRA 09] DRAGOMIR O. E., GOURIVEAU R., DRAGOMIR F. et al., "Review of prognostic problem in condition-based maintenance", European Control Conference, ECC, pp. 1585-1592, 2009.

[DRA 10] DRAGOMIR O. E., DRAGOMIR F., GOURIVEAU R. et al., "Medium term load forecasting using ANFIS predictor", 18th IEEE Mediterranean Conference on Control & Automation, MED, pp. 551-556, 2010.

[DUA 02] DUAN M., Time series predictability, PhD Thesis, Graduate School Marquette University, 2002.

[EL 08] EL-KOUJOK M., GOURIVEAU R., ZERHOUNI N., "Towards a neuro-fuzzy system for time series forecasting in maintenance applications", IFAC World Congress, Korea, 2008.

[EL 11] EL-KOUJOK M., GOURIVEAU R., ZERHOUNI, N., "Reducing arbitrary choices in model building for prognostics: an approach by applying parsimony principle on an evolving neuro-fuzzy system", Microelectronics Reliability, vol. 51, pp. 310-320, 2011.

[EN 01] EN13306, Maintenance Terminology, European Standard, 2001.

[ENG 00] ENGEL S. J., GILMARTIN B. J., BONGORT K. et al., "Prognostics, the real issues involved with predicting life remaining", IEEE Aerospace Conference, vol. 6, pp. 457-469, 2000.

[ERT 04] ERTUNC H. M., OYSU C., "Drill wear monitoring using cutting force signals", Mechatronics, vol. 14, no. 5, pp. 533-548, 2004.

[FAN 11] FAN J., YUNG K. C., PECHT M., "Physics-of-failure-based prognostics and health management for high-power white light-emitting diode lighting", IEEE Transactions on Device and Materials Reliability, vol. 11, no. 3, pp. 407-416, 2011.

[FAN 15] FAN J., YUNG K. C., PECHT M., "Predicting long-term lumen maintenance life of LED light sources using a particle filter-based prognostic approach", IEEE Transactions on Device and Materials Reliability, vol. 42, no. 5, pp. 2411-2420, 2015.

[FRE 07] FREDERICK D. K., DECASTRO J. A., LITT J. S., "User's guide for the commercial modular aero-propulsion system simulation", C-MAPSS, NASA/TM-2007-215026

[GAU 11] GAUVAIN M. D., GOURIVEAU R., ZERHOUNI N. et al., "Defining and implementing a distributed and reconfigurable information system for prognostics", Prognostics & System Health Management Conference, Shenzhen, China, 24-25 May 2011.

[GEO 14] GEORGOULAS G., TSOUMAS I., ANTONINO-DAVIU J. et al., "Automatic pattern identification based on the complex empirical mode decomposition of the startup current for the diagnosis of rotor asymmetries in asynchronous machines", IEEE Transactions on Industrial Electronics, vol. 61, no. 9, pp. 4937-4946, 2014.

[GOE 05] GOEBEL K., BONISSONE P., "Prognostics information fusion for constant load systems", 7th Annual Conference on Fusion, vol. 2, pp. 1247-1255, 2005.

[GOR 09] GORJIAN N., MA L., MITTINTY M. et al., "A review on reliability models with covariates", Engineering Asset Lifecycle Management, Springer, pp. 385-397, 2010.

[GOU 11] GOURIVEAU R., MEDJAHER K., "Industrial prognostic-an overview", in ANDREWS C. B. J., JACKSON L., (eds), Maintenance Modelling and Applications, Det Norske Veritas (DNV), 2011.

[GOU 12] GOURIVEAU R., ZERHOUNI N., "Connexionist-systems-based long term prediction approaches for prognostics", IEEE Transactions on Reliability, vol. 61, no. 4, pp. 909-920, 2012.

[GOU 13] GOURIVEAU R., RAMASSO E., ZERHOUNI N. et al., "Strategies to face imbalanced and unlabelled data in PHM applications", Chemical Engineering Transactions, vol. 33, pp. 115-120, 2013.

[GRA 06] GRALL A., DIEULLE L., BéRENGUER C. et al., "Asymptotic failure rate of a continuous monitored system", Reliability Engineering and Systems Safety, vol. 91, numbername2, pp. 126-130, 2006.

参考文献

[GUC 11] GUCIK-DERIGNY D., Contribution au pronostic des systèmes à base de modèles: théorie et application, PhD Thesis, University Paul Cézanne-Aix-Marseille Ⅲ, 2011.

[HAG 94] HAGAN M. T., MENHAJ M. B., "Training feedforward networks with the Marquardt algorithm", IEEE Transactions on Neural Networks, vol. 5, no. 6, pp. 989-993, 1994.

[HAN 95] HANSEN R. J., HALL D. L., KURTZ S. K., "A new approach to the challenge of machinery prognostics", Journal of Engineering for Gas Turbines and Power, volumename117, no. 2, pp. 320-325, 1995.

[HE 13] HE D., RUOYU L., JUNDA Z., "Plastic bearing fault diagnosis based on a twostep data mining approach", IEEE Transactions on Industrial Electronics, vol. 60, no. 8, pp. 3429-3440, 2013.

[HEN 09a] HENG A., TAN A. C., MATHEW J. et al., "Intelligent condition-based prediction of machinery reliability", Mechanical Systems and Signal Processing, vol. 23, no. 5, pp. 1600-1614, 2009.

[HEN 09b] HENG A., ZHANG S., TAN A. C. et al., "Rotating machinery prognostics: State of the art, challenges and opportunities", Mechanical Systems and Signal Processing, vol. 23, no. 3, pp. 724-739, 2009.

[HES 05] HESS A., CALVELLO G., FRITH P., "Challenges, issues, and lessons learned chasing the "big p". real predictive prognostics. Part 1", IEEE Aerospace Conference, Big Sky, MT, USA, pp. 5-12, 2005.

[HES 08] HESS A., STECKI J. S., RUDOV-CLARK S. D., "The maintenance aware design environment: Development of an aerospace PHM software tool", IEEE International Conference on Prognostics and Health Management (PHM08), Denver, CO, USA, 06-09 October 2008.

[HON 13] HONG S., ZHOU Z., LV C., "Storage lifetime prognosis of an intermediate frequency (if) amplifier based on physics of failure method", Chemical Engineering, vol. 33, pp. 1117-1122, 2013.

[HON 14a] HONG L., DHUPIA J. S., "A time domain approach to diagnose gearbox fault based on measured vibration signals", Journal of Sound and Vibration, vol. 333, no. 7, pp. 2164-2180, 2014.

[HON 14b] HONG S., ZHOU Z., ZIO E. et al., "An adaptive method for health trend prediction of rotating bearings", Digital Signal Processing, vol. 35, pp. 117-123, 2014.

[HU 12] HU C., YOUN B. D., WANG P. et al., "Ensemble of data-driven prognostic algorithms for robust prediction of remaining useful life", Reliability Engineering & System Safety, vol. 103, pp. 120-135, 2012.

[HU 15] HU Y., BARALDI P., DI MAIO F. et al. "A particle filtering and kernel smoothingbased approach for new design component prognostics", Reliability Engineering & System Safety, vol. 134, pp. 19-31, 2015.

[HUA 96] HUANG N. E., LONG S. R., SHEN Z., "The mechanism for frequency downshift in nonlinear wave evolution", Advances in Applied Mechanics, vol. 32, pp. 59-111, 1996.

[HUA 98a] HUANG W., SHEN Z., HUANG N. E. et al., "Engineering analysis of intrinsic mode and indicial response in biology: the transient response of pulmonary blood pressure to step hypoxia and step recovery", Proceeding of the National Academy of Science, vol. 95, pp. 12766-12771, 1998.

[HUA 98b] HUANG N. E., SHEN Z., LONG S. R. et al., "The empirical mode decomposition and the Hilbert spectrum for nonlinear and non-stationary time series analysis", Proceedings of the Royal Society of London Series A: Mathematical, Physical and Engineering Sciences, vol. 454, no. 1971, pp. 903-995, 1998.

[HUA 99a] HUANG W., SHEN Z., HUANG N. E., "Nonlinear indicial response of complex nonstationary oscillations as pulmonary hypertension responding to step hypoxia", Proceeding of the of the National Academy of Sciences, vol. 96, pp. 1834-1839, 1999.

[HUA 99b] HUANG N., SHEN Z., LONG S., "A new view of nonlinear water waves: The Hilbert spectrum", Annual Review of Fluid Mechanics, vol. 61, pp. 417-457, 1999.

[HUA 04] HUANG G. B., ZHU Q. Y., SIEW C. K., "Extreme learning machine: a new learning scheme of feedforward neural networks", International Joint Conference on Neural Networks, vol. 2, pp. 985-990, 2004.

[HUA 05a] HUANG N. E., ATTOH-OKINE N. O., The Hilbert-Huang Transform in Engineering, CRC Taylor and Francis, 2005.

[HUA 05b] HUANG N. E., SHEN S. S., Hilbert-Huang Transform and its Applications, vol. 5, World Scientific, 2005.

[HUA 07] HUANG R., XI L., LI X. et al., "Residual life predictions for ball bearings based on self-organizing map and back propagation neural network methods", Mechanical Systems and Signal Processing, vol. 21, no. 1, pp. 193-207, 2007.

[HUA 11] HUANG G. B., WANG D. H., LAN, Y., "Extreme learning machines: a survey", International Journal of Machine Learning and Cybernetics, vol. 2, no. 2, pp. 107-122, 2011.

[HUC 10] HUCK N., "Pairs trading and outranking: The multi-step-ahead forecasting case", European Journal of Operational Research, vol. 207, no. 3, pp. 1702-1716, December 2010.

[IEC 06] IEC60812, Analysis Techniques for System Reliability-Procedure for Failure Mode and Effects Analysis (FMEA), International Electrotechnical Commission, IEC, 2006.

[IEE 11] IEEE1490-2011, The PMI Standard-A Guide to the Project Management Body of Knowledge (PMBOK ® Guide), 4th ed., IEEE, November 2011.

[ISE 97] ISERMANN R., "Supervision: fault-detection and fault-diagnosis methods an introduction", Control Engineering Practice, vol. 5, pp. 639-652, 1997.

[ISE 05] ISERMANN R., "Model-based fault-detection and diagnosis-status and applications", Annual Reviews in Control, vol. 29, no. 1, pp. 71-85, 2005.

[ISO 04] ISO13381-1, Condition Monitoring and Diagnostics of Machines Prognostics Part1: General Guidelines, International Standard, ISO, 2004.

[ISO 06] ISO13374-2, Condition Monitoring and Diagnostics of Machines-Data Processing, Communication and Presentation-Part 2: Data Processing, International Standard, ISO, 2006.

[ISO 07] ISO281, Roulements-Charges dynamiques de base et durée nominale, International Standard, ISO, 2007.

[JAN 95] JANG J. S., SUN C. T., "Neuro-fuzzy modeling and control", Proceedings of the IEEE, vol. 83, no. 3, pp. 378-406, 1995.

[JAR 06] JARDINE A. K., LIN D., BANJEVIC D., "A review on machinery diagnostics and prognostics implementing condition-based maintenance", Mechanical Systems and Signal Processing, vol. 20, no. 7, pp. 1483-1510, 2006.

[JAV 12] JAVED K., GOURIVEAU R., ZEMOURI R. et al., "Features selection procedure for prognostics: An approach based on predictability", 8th IFAC Int. Symp. On Fault Dectection, Supervision and Safety of Technical Processes, pp. 25-30, 2012.

[JAV 13a] JAVED K., GOURIVEAU R., ZERHOUNI N., "Novel failure prognostics approach with dynamic thresholds for machine degradation", 39th Annual Conference of the IEEE Industrial Electronics Society, (IECON), pp. 4404-4409, Vienna, Austria, 10-13 November 2013.

[JAV 13b] JAVED K., GOURIVEAU R., ZERHOUNI N. et al., "A feature extraction procedure based on trigonometric functions and cumulative descriptors to enhance prognostics modeling", IEEE International Conference on Prognostics and Health Management, PHM'2013, Gaithersburg, MD, USA, 24-27 June 2013.

[JAV 14a] JAVED K., A robust and reliable data-driven prognostics approach based on extreme learning machine and fuzzy clustering, PhD Thesis, University of Franche-Comté, 2014.

[JAV 14b] JAVED K., GOURIVEAU R., ZERHOUNI N., "SW-ELM: A summation wavelet extreme learning machine alg. with a priori initialization", Neurocomputing, vol.

123, pp. 299-307, 2014.

[JAV 15a] JAVED K., GOURIVEAU R., ZERHOUNI N., "A new multivariate approach for prognostics based on extreme learning machine and fuzzy clustering", IEEE Transactions on Cybernetics, vol. 45, no. 12, pp. 2626-2639, 2015.

[JAV 15b] JAVED K., GOURIVEAU R., ZERHOUNI N. et al., "Enabling health monitoring approach based on vibration data for accurate prognostics", IEEE Transactions on Industrial Electronics, vol. 62, no. 1, pp. 647-656, 2015.

[JIA 11] JIANGTAO R., YUANWEN C., XIAOCHEN X., "Application of Hilbert-Huang transform and mahalanobis-taguchi system in mechanical fault diagnostics using vibration signals", IEEE ICEMI Conference, vol. 4, pp. 299-303, 2011.

[JOL 02] JOLLIFFE I. T., Principal Component Analysis, Springer, 2002.

[JOU 14] JOUIN M., GOURIVEAU R., HISSEL D. et al., "Prognostics of PEM fuel cell in a particle filtering framework", International Journal of Hydrogen Energy, vol. 39, no. 1, pp. 481-494, 2014.

[JUA 85] JUANG B. H., "Maximum likelihood estimation for mixture multivariate stochastic observations of marko chains", AT&T Technical Journal, vol. 64, pp. 1235-1249, 1985.

[KAB 99] KABOUDAN M., "A measure of time series predictability using genetic programming applied to stock returns", Journal of Forecasting, vol. 18, no. 5, pp. 345-357, 1999.

[KAC 04] KACPRZYNSKI G., SARLASHKAR A., ROEMER M. et al., "Predicting remaining life by fusing the physics of failure modeling with diagnostics", Journal of the Minerals, Metals and Materials Society, vol. 56, no. 3, pp. 29-35, 2004.

[KAR 09a] KARACAY T., AKTURK N., "Experimental diagnostics of ballbearings using statistical and spectral methods", Tribology International, vol. 42, pp. 836-843, 2009.

[KAR 09b] KARRAY M. H., MORELLO B., ZERHOUNI N., "Towards a maintenance semantic architecture", 4th World Congress on Engineering Asset Management (WCEAM'09)), Athens, Greece, 28-30 September, 2009.

[KHE 14] KHELIF R., MALINOWSKI S., CHEBEL-MORELLO B. et al., "Unsupervised kernel regression modeling approach for rul prediction", Second European Conference of the Prognostics and Health Management Society, Nantes, France, 8-10 July 2014.

[KHO 11] KHOSRAVI A., NAHAVANDI S., CREIGHTON D. et al., "Comprehensive review of neural network-based prediction intervals and new advances", IEEE Transactions on Neural Networks, vol. 22, no. 9, pp. 1341-1356, 2011.

[KOT 06] KOTHAMASU R., HUANG S. H., VERDUIN W. H., "System health monitoring and prognostics-a review of current paradigms and practices", The International Journal of Advanced Manufacturing Technology, vol. 28, nos. 9-10, pp. 1012-1024, 2006.

[KUM 08] KUMAR S., TORRES M., CHAN Y. et al., "A hybrid prognostics methodology for electronic products", IEEE International Joint Conference on Neural Networks, IJCNN, pp. 3479-3485, 2008.

[KUR 97] KURADA S., BRADLEY C., "A review of machine vision sensors for tool condition monitoring", Computers in Industry, vol. 34, pp. 55-72, 1997.

[KUR 06] KURFESS T., BILLINGTON S., LIANG S., "Advanced diagnostic and prognostic techniques for rolling element bearings", Springer Series in Advanced Manufacturing, pp. 137-165, 2006.

[LAN 02] LANHAM C., Understanding the tests that are recommended for electric motor predictive maintenance, Technical report, Baker Instrument Company, 2002.

[LE 12] LE SON K., FOULADIRAD M., BARROS A., "Remaining useful life estimation on the non-homogenous gamma with noise deterioration based on Gibbs filtering: a case study", IEEE-PHM 2012, Denver, p. 6, June 2012.

[LE 13] LE SON K., FOULADIRAD M., BARROS A. et al., "Remaining useful life estimation based on stochastic deterioration models: a comparative study", Reliability Engineering & System Safety, vol. 112, pp. 165-175, 2013.

[LEB 01] LEBOLD M., THURSTON M., "Open standards for condition-based maintenance and prognostic systems", 5th Annual Maintenance and Reliability Conference, Gatlinburg, Tennessee, USA May 2001.

[LEE 06a] LEE S. W., PARK J., LEE S. W., "Low resolution face recognition based on support vector data description", Pattern Recognition, vol. 39, no. 9, pp. 1809-1812, 2006.

[LEE 06b] LEE J., NI J., DJURDJANOVIC D. et al., "Intelligent prognostics tools and emaintenance", Computers in Industry, vol. 57, no. 6, pp. 476-489, 2006, E-maintenance Special Issue.

[LEE 14] LEE J., WU F., ZHAO W. et al., "Prognostics and health management design for rotary machinery systems-reviews, methodology and applications", Mechanical Systems and Signal Processing, vol. 42, no. 1, pp. 314-334, 2014.

[LEU 98] LEUVEN K. U., ESAT-SISTA, Industrial dryer dataset, available at: ftp://ftp.esat.kuleuven.ac.be/sista/data/process_industry, 1998.

[LEU 98] LEUVEN K. U., ESAT-SISTA, Mechanical hair dryer dataset, available at: ftp://ftp.esat.kuleuven.ac.be/sista/data/mechanical, 1998.

[LI 95] LI R. P., MUKAIDONO M., "A maximum-entropy approach to fuzzy clustering", 4th IEEE International Conference on Fuzzy Systems, vol. 4, pp. 2227-2232,

Yokohama, Japan, 20-24 March 1995.

[LI 97] LI C. J., MA J., "Wavelet decomposition of vibrations for detection of bearing localized defects", NDT & E International, vol. 30, no. 3, pp. 143-149, 1997.

[LI 00a] LI B., CHOW M., TIPSUWAN Y. et al., "Neural-network-based motor rolling bearing fault diagnosis", IEEE Transactions Industrial Electronics, vol. 47, no. 5, pp. 1060-1069, 2000.

[LI 00b] LI Y., KURFESS T. R., LIANG S. Y., "Stochastic prognostics for rolling element bearings", Mechanical Systems and Signal Processing, vol. 14, pp. 747-762, 2000.

[LI 05] LI C. J., LEE H., "Gear fatigue crack prognosis using embedded model, gear dynamic model and fracture mechanics", Mechanical Systems & Signal Processing, vol. 19, no. 4, pp. 836-846, 2005.

[LI 07] LI X., ZENG H., ZHOU J. H. et al., "Multi-modal sensing and correlation modelling for condition-based monitoring in milling machine", SIMTech Technical reports, vol. 8, no. 1, pp. 50-56, 2007.

[LI 09a] LI X., LIM B., ZHOU J. et al., "Fuzzy neural network modelling for tool wear estimation in dry milling operation", Annual Conference of the Prognostics and Health Management Society, San Diego, CA, USA, September 27-October 1, 2009.

[LI 09b] LI Y., YINGLE F., GU L. et al., "Sleep stage classification based on EEG Hilbert-Huang transform", 4th IEEE Conference on Industrial Electronics and Applications (ICIEA), Xi'an, China, pp. 3676-3681, 25-27 May 2009.

[LIA 14] LIAO L., "Discovering prognostic features using genetic programming in remaining useful life prediction", IEEE Transactions on Industrial Electronics, Xi'an, China, vol. 61, no. 5, pp. 2464-2472, 25-27 May 2014.

[LIU 13] LIU H. C., LIU L., LIU N., "Risk evaluation approaches in failure mode and effects analysis: a literature review", Expert Systems with Applications, vol. 40, no. 2, pp. 828-838, 2013.

[LOR 13] LORTON A., FOULADIRAD M., GRALL A., "A methodology for probabilistic model-based prognosis", European Journal of Operational Research, vol. 225, no. 3, pp. 443-454, 2013.

[LU 07] LU C., HU X., "A new method of fault diagnosis for high-voltage circuit-breakers based on Hilbert-Huang transform", Proceedings of the IEEE ICIEA, pp. 2697-2701, 2007.

[LUO 03] LUO J., PATTIPATI K. R., QIAO L. et al., "Model-based prognostic techniques applied to a suspension system", Transactions on Systems, Man, and Cybernetics, vol. 38, pp. 1156-1168, 2003.

[MAH 10] MAHAMAD A. K., SAON S., HIYAMA T., "Predicting remaining useful life of rotating machinery based artificial neural network", Computers & Mathematics with Applications, vol. 60, no. 4, pp. 1078-1087, 2010.

[MAL 89] MALLAT S. G., "A theory for multiresolution signal decomposition: the wavelet representation", IEEE Transactions on Pattern Analysis and Machine Intelligence, vol. 11, no. 7, pp. 674-693, 1989.

[MAN 13] MANGILI F., Development of advanced computational methods for prognostics and health management in energy components and systems, PhD Thesis, Politecnico di Milano, 2013.

[MAS 10] MASSOL O., LI X., GOURIVEAU R. et al., "An exTS based neuro-fuzzy algorithm for prognostics and tool condition monitoring", 11th IEEE International Conference on Control Automation Robotics & Vision, ICARCV, pp. 1329-1334, 2010.

[MCL 97] MCLACHLAN G. J., KRISHNAN T., The EM Algorithm and Extensions, Wiley, 1997.

[MED 05] MEDJAHER K., Contribution de l'outil bond graph pour la conception de systems de supervision des processus industriels, PhD Thesis, University of Science and Technology of Lille, 2005.

[MED 12] MEDJAHER K., TOBON-MEJIA D. A., ZERHOUNI N., "Remaining useful life estimation of critical components with application to bearings", IEEE Transactions on Reliability, vol. 61, no. 2, pp. 292-302, 2012.

[MED 13] MEDJAHER K., ZERHOUNI N., "Hybrid prognostic method applied to mechatronic systems", International Journal of Advanced Manufacturing Technology, vol. 69, pp. 823-834, 2013.

[MEN 97] MENG X. L., DYK D. V., "The EM algorithm-an Old Folk-song Sung to a fast new tune (with discussion)", Journal of Royal Statistics Society, vol. 59, pp. 511-567, 1997.

[MER 09] MERCER J., "Functions of positive and negative type and their connection with the theory of integral equations", Philosophical Transactions of the Royal Society of London A, vol. 209, pp. 415-446, 1909.

[MIM 98] MIMOSA-CBM, available at: http://www.mimosa.org/, 1998-2016.

[MIN 05] LI M. B., HUANG G. B., SARATCHANDRAN P. et al., "Fully complex extreme learning machine", Neurocomputing, vol. 68, pp. 306-314, 2005.

[MOS 13a] MOSALLAM A., MEDJAHER K., ZERHOUNI N., "Nonparametric time series modelling for industrial prognostics and health management", The International Journal of Advanced Manufacturing Technology, vol. 69, nos. 5-8, pp. 1685-1699, 2013.

[MOS 13b] MOSALLAM A., MEDJAHER K., ZERHOUNI N. et al., "Bayesian approach for remaining useful life prediction", Chemical Engineering Transactions, vol. 33, pp. 139-144, 2013.

[MOS 14] MOSALLAM A., MEDJAHER K., ZERHOUNI N., "Time series trending for condition assessment and prognostics", Journal of Manufacturing Technology Management, vol. 25, no. 4, pp. 550-567, 2014.

[MUL 05] MULLER A., Contribution à la maintenance prévisionnelle des systèmes de production par la formalisation d'un processus de prognostic, PhD Thesis, Université Henri Poincaré, Nancy I, 2005.

[MUL 08a] MULLER A., CRESPO MARQUEZ A., IUNG B., "On the concept of emaintenance: review and current research", Reliability Engineering & System Safety, vol. 93, no. 8, pp. 1165-1187, 2008.

[MUL 08b] MULLER A., SUHNER M. C., IUNG B., "Formalisation of a new prognosis model for supporting proactive maintenance implementation on industrial system", Reliability Engineering & System Safety, vol. 93, no. 2, pp. 234-253, 2008.

[MUR 02] MURPHY K. P., Dynamic Bayesian networks: representation, inference and learning, PhD Thesis, University of California, 2002.

[NAS] NASA, Prognostic data repository, available at: http://ti.arc.nasa.gov/tech/dash/pcoe/prognostic-data-repository/.

[NEC 12] NECTOUX P., GOURIVEAU R., MEDJAHER K. et al., "Pronostia: an experimental platform for bearings accelerated life test", IEEE Conference on Prognostics and Health Management, Denver, CO, USA, 18-21 June 2012.

[NEW 94] NEWLAND D., "Wavelet analysis of vibration part 1: theory", ASME Journal of Vibration and Acoustics, vol. 116, no. 4, pp. 409-416, 1994.

[NGU 90] NGUYEN D., WIDROW B., "Improving the learning speed of 2-layer neural networks by choosing initial values of the adaptive weights", International Joint Conference on Neural Networks, IJCNN, pp. 21-26, 1990.

[NIU 09] NIU G., YANG B. S., "Dempster-Shafer regression for multi-step-ahead time-series prediction towards data-driven machinery prognosis", Mechanical Systems and Signal Processing, vol. 23, pp. 740-751, 2009.

[NN3 07] NN3, Forecasting competition, competition.com/nn3/index.htm, 2007. available at: http://www.neural-forecasting.

[NUN 03] NUNES J., BOUAOUNE Y., DELECHELLE E. et al., "Image analysis by bidimensional empirical mode decomposition", Image and Vision Computing, vol. 21, no. 12, pp. 1019-1026, 2003.

[OCA 07] OCAK H., LOPARO K. A., DISCENZO F. M., "Online tracking of bearing wear using wavelet packet decomposition and probabilistic modeling: a method for bearing prognostics", Journal of Sound and Vibration, vol. 302, nos. 4-5, pp. 951-961, 2007.

[O'DO 85] O'DONNELL P., "Report of large motor reliability survey of industrial and commercial installations, part I, II & III", IEEE Transactions on Industry Applications, vol. 21, pp. 853-872, 1985.

[OLI 13] OLIVARES B., CERDA MUNOZ M., ORCHARD M. et al., "Particle-filtering-based prognosis framework for energy storage devices with a statistical characterization of stateof-health regeneration phenomena", IEEE Transactions on Measurement, vol. 62, no. 2, pp. 364-376, 2013.

[ORC 05] ORCHARD M., WU B., VACHTSEVANOS G., "A particle filter framework for failure prognosis", Proceedings of the World Tribology Congress, 2005.

[ORC 10] ORCHARD M., TANG L., SAHA B. et al., "Risk-sensitive particle-filtering-based prognosis framework for estimation of remaining useful life in energy storage devices", Studies in Informatics and Control, vol. 19, no. 3, pp. 209-218, 2010.

[OUS 00] OUSSAR Y., DREYFUS G., "Initialization by selection for wavelet network training", Neurocomputing, vol. 34, no. 1, pp. 131-143, 2000.

[PAO 09] PAO H. T., "Forecasting energy consumption in Taiwan using hybrid nonlinear models", Energy, vol. 34, no. 10, pp. 1438-1446, October 2009.

[PEA 88] PEARL J., Probabilistic Reasoning in Intelligent Systems: Networks of Plausible Inference, Morgan Kaufmann, 1988.

[PEC 08] PECHT M., Prognostics & Health Management of Electronics, Wiley Online Library, 2008.

[PEC 09] PECHT M., GU J., "Physics-of-failure-based prognostics for electronic products", Transactions of the Institute of Measurement and Control, vol. 31, nos. 3-4, pp. 309-322, 2009.

[PEC 10] PECHT M., JAAI R., "A prognostics and health management roadmap for information and electronics-rich systems", Microelectronics Reliability, vol. 50, no. 3, pp. 317-323, 2010.

[PEN 05] PENG Z., TSE P. W., CHU F., "An improved Hilbert-Huang transform and its application in vibration signal analysis", Journal of Sound and Vibration, vol. 286, nos. 1-2, pp. 187-205, 2005.

[PEN 10] PENG Y., DONG M., ZUO M. J., "Current status of machine prognostics in condition-based maintenance: a review", International Journal of Advanced Manufacturing Technology, vol. 50, nos. 1-4, pp. 297-313, 2010.

[PEN 11] PENG Y., DONG M., "A prognosis method using age-dependent hidden semiMarkov model for equipment health prediction", Mechanical Systems and Signal Processing, vol. 25, no. 1, pp. 237-252, 2011.

[PEY 07] PEYSSON F., OULADSINE M., NOURA H. et al., "New approach to prognostic systems failures", Proceedings of the 17th IFAC World Congress, 2007.

[PHE 07] PHELPS E., WILLETT P., KIRUBARAJAN T. et al., "Predicting time to failure using the IMM and excitable tests", IEEE Transactions on Systems, Man and Cybernetics, Part A: Systems and Humans, vol. 37, no. 5, pp. 630-642, 2007.

[PHM 10] PHM-CHALLENGE2010, PHM Society 2010 Data Challenge, 2010, available at: www.phmsociety.org/competition/phm/10.

[PHM 12] PHM-CHALLENGE2012, IEEE PHM 2012 Prognostic Challenge, 2012, available at: www.femto-st.fr/f/d/ieeephm2012-challenge-details.pdf.

[POL] POLIKAR R., Tutorial on wavelets. Fundamental concepts and overview of wavelet theory, available at: http://web.iitd.ac.in/sumeet/wavelettutorial.pdf.

[POP 08] POPOVIC V., VASIC B., "Review of hazard analysis methods and their basic characteristics", FME Transactions, vol. 4, pp. 181-187, 2008.

[POU 12] POURTAGHI A., LOTFOLLAHI-YAGHIN M., "Wavenet ability assessment in comparison to ANN for predicting the maximum surface settlement caused by tunneling", Tunnelling and Underground Space Technology, vol. 28, pp. 257-271, 2012.

[PRO 03a] PROVAN G., "An open systems architecture for prognostic inference during condition-based monitoring", 2003 IEEE Aerospace Conference, vol. 7, pp. 3157-3164, 2003.

[PRO 03b] PROVAN G., "Prognosis and condition-based monitoring: an open systems architecture", IFAC Symposium on Fault Detection, Supervision and Safety of Technical Processes, 2003.

[QIU 02] QIU J., SETH B. B., LIANG S. Y. et al., "Damage mechanics approach for bearing lifetime prognostics", Mechanical Systems and Signal Processing, vol. 16, no. 5, pp. 817-829, 2002.

[RAB 89] RABINER L. R., "A tutorial on hidden Markov models and selected applications in speech recognition", Proceedings of the IEEE, vol. 77, no. 2, pp. 257-286, 1989.

[RAF 10] RAFIEE J., RAFIEE M., TSE P., "Application of mother wavelet functions for automatic gear and bearing fault diagnosis", Expert Systems with Applications, vol. 37, no. 6, pp. 4568-4579, 2010.

[RAJ 11] RAJESH R., PRAKASH J. S., "Extreme learning machines-a review and state-ofthe-art", International Journal of Wisdom Based Computing, vol. 1, pp. 35-49, 2011.

[RAM 10] RAMASSO E., GOURIVEAU R., "Prognostics in switching systems: evidential Markovian classification of real-time neuro-fuzzy predictions", IEEE 2010 Conference Prognostics and Health Management, 2010.

[RAM 13a] RAMASSO E., DENOEUX T., "Making use of partial knowledge about hidden states in HMMS: an approach based on belief functions", IEEE Transactions on Fuzzy Systems, 2013.

[RAM 13b] RAMASSO E., ROMBAUT M., ZERHOUNI N., "Joint prediction of continuous and discrete states in time-series based on belief functions", IEEE Transactions on Cybernetics, vol. 43, no. 1, pp. 37-50, 2013.

[RAM 14] RAMASSO E., GOURIVEAU R., "Remaining useful life estimation by classification of predictions based on a neuro-fuzzy system and theory of belief functions", IEEE Transactions on Reliability, vol. 63, no. 2, pp. 555-566, 2014.

[RAO 71] RAO C. R., MITRA S. K., Generalized Inverse of Matrices and its Applications, John Wiley and Sons, New York, 1971.

[REN 01] REN Q., BALAZINSKI M., BARON L. et al., "TSK fuzzy modeling for tool wear condition in turning processes: an experimental study", Engineering Applications of Artificial Intelligence, vol. 24, no. 2, pp. 260-265, 2001.

[SAM 08] SAMANTARAY A.-K., OULD BOUAMAMA B., Model-Based Process Supervision: A Bond Graph Approach, Springer, 2008.

[SAM 09] SAMHOURI M., AL-GHANDOOR A., ALI S. A. et al., "An intelligent machine condition monitoring system using time-based analysis: neuro-fuzzy versus neural network", Jordan Journal of Mechanical and Industrial Engineering, vol. 3, no. 4, pp. 294-305, 2009.

[SAN 15] SANKARARAMAN S., "Significance, interpretation, and quantification of uncertainty in prognostics and remaining useful life prediction", Mechanical Systems and Signal Processing, vol. 52-53, pp. 228-247, 2015.

[SAX 08a] SAXENA A., CELAYA J., BALABAN E. et al., "Metrics for evaluating performance of prognostic techniques", IEEE International Conference on Prognostics and Health Management, pp. 1-17, 2008.

[SAX 08b] SAXENA A., GOEBEL K., SIMON D. et al., "Damage propagation modeling for aircraft engine run-to-failure simulation", IEEE International Conference on Prognostics and Health Management, 2008.

[SAX 09] SAXENA A., CELAYA J., SAHA B. et al., "On applying the prognostic performance metrics", Annual Conference of the PHM Society, 2009.

[SAX 10] SAXENA A., CELAYA J., SAHA B. et al., "Metrics for offline evaluation of prognostic performance", International Journal of Prognostics and Health Management, vol. 1, no. 1, pp. 1-20. 2010.

[SAX 12] SAXENA A., CELAYA J. R., ROYCHOUDHURY I. et al., "Designing data-driven battery prognostic approaches for variable loading profiles: some lessons learned", First European Conference of the Prognostics and Health Management

[SER 12] SERIR L., Méthodes de pronostic basées sur les fonctions de croyance, PhD Thesis, Université de Franche-Comté, 2012.

[SER 13] SERIR L., RAMASSO E., NECTOUX P. et al., "E2gkpro: an evidential evolving multi-modeling approach for system behavior prediction with applications", Mechanical Systems and Signal Processing, vol. 37, pp. 213-218, 2013.

[SHE 09] SHEEN Y. T., "On the study of applying Morlet wavelet to the Hilbert transform for the envelope detection of bearing vibrations", Mechanical Systems and Signal Processing, vol. 23, no. 5, pp. 1518-1527, 2009.

[SI 11] SI X. S., WANG W., HU C. H. et al., "Remaining useful life estimation-a review on the statistical data driven approaches", European Journal of Operational Research, vol. 213, no. 1, pp. 1-14, 2011.

[SIK 11] SIKORSKA J., HODKIEWICZ M., MA L., "Prognostic modelling options for remaining useful life estimation by industry", Mechanical Systems and Signal Processing, vol. 25, no. 5, pp. 1803-1836, 2011.

[SOL 06a] SOLAIMAN B., Processus stochastiques pour l'ingénieur, Presses polytechniques et universitaires romandes, 2006.

[SOR 06b] SORJAMAA A., LENDASSE A., "Time series prediction using DirRec strategy", ESANN, European Symposium on Artificial Neural Networks, pp. 143-148, 2006.

[SOU 14] SOUALHI A., MEDJAHER K., ZERHOUNI N., "Bearing health monitoring based on ilbert-Huang transform, support vector machine and regression", IEEE Transactions on nstrumentation and Measurement, 2014.

[SPI 90] SPIEGELHALTER D. J., LAURITZEN S. L., "Sequential updating of conditional robabilities on directed graphical structures", Networks, vol. 20, pp. 579-605, 1990.

[STA 04] STACK J., HARLEY R., HABETLER T., "An amplitude modulation detector for fault diagnosis in rolling element bearings", IEEE Transactions on Industrial Electronics, vol. 51, no. 5, pp. 1097-1102, 2004.

[SUB 97] SUBRAHMANYAM M., SUJATHA C., "Using neural networks for the diagnosis of localized defects in ball bearings", Tribology International, vol. 30, no. 10, pp. 739-752, 1997.

[SWA 99] SWANSON D. C., SPENCER J. M., ARZOUMANIAN S. H., "Prognostic modelling of crack growth in a tensioned steel band", Mechanical Systems and Signal Processing, vol. 14, pp. 789-803, 1999.

[TAN 94] TANDON T., "A comparison of some vibration parameters for the condition monitoring of rolling element bearings", Measurement, vol. 12, pp. 285-289, 1994.

[TEN 00]	TENENBAUM J., DE SILVA V., LANGFORD J. C., "A global geometric framework for nonlinear dimensionality reduction", Science, vol. 290, pp. 2319-2323, 2000.
[TEO 08]	TEODORESCU H. N., FIRA L. I., "Analysis of the predictability of time series obtained from genomic sequences by using several predictors", Journal of Intelligent and Fuzzy Systems, vol. 19, no. 1, pp. 51-63, 2008.
[THO 94]	THOMPSON M. L., KRAMER M. A., "Modeling chemical processes using prior knowledge and neural networks", AIChE Journal, vol. 40, no. 8, pp. 1328-1340, 1994.
[TIN 99]	TING W., SUGAI Y., "A wavelet neural network for the approximation of nonlinear multivariable function", IEEE International Conference on Systems, Man, & Cybernetics, SMC, 1999.
[TOB 10]	TOBON-MEJIA D. A., MEDJAHER K., ZERHOUNI N. et al., "A mixture of Gaussians Hidden Markov model for failure diagnostic and prognostic", IEEE Conference on Automation Science and Engineering, CASE'10, 2010.
[TOB 11a]	TOBON-MEJIA D. A., Contribution au pronostic industriel de défaillances guide par les données: approche Bayésienne appliquée aux composants des moteurs électriques, PhD Thesis, Université de Franche-Comté, 2011.
[TOB 11b]	TOBON-MEJIA D. A., MEDJAHER K., ZERHOUNI N., "CNC machine tool health assessment using dynamic Bayesian networks", IFAC World Congress, 2011.
[TOB 11c]	TOBON-MEJIA D. A., MEDJAHER K., ZERHOUNI N., "Hidden Markov models for failure diagnostic and prognostic", IEEE-Prognostics & System Health Management Conference, Shenzen, China, 21-23 March 2011.
[TOB 11d]	TOBON-MEJIA D., MEDJAHER K., ZERHOUNI N. et al., "Estimation of the remaining useful life by using wavelet packet decomposition and HMMs", IEEE Aerospace Conference, 2011.
[TOB 12a]	TOBON-MEJIA D., MEDJAHER K., ZERHOUNI N., "CNC machine tool's wear diagnostic and prognostic by using dynamic Bayesian networks", Mechanical Systems and Signal Processing, vol. 28, pp. 167-182, 2012.
[TOB 12b]	TOBON-MEJIA D. A., MEDJAHER K., ZERHOUNI N. et al., "A data-driven failure prognostics method based on mixture of Gaussians Hidden Markov models", IEEE Transactions on Reliability, vol. 61, no. 2, pp. 491-503, 2012.
[TRA 09]	TRAN V. T., YANG B. S., TAN A. C. C., "Multi-step ahead direct prediction for the machine condition prognosis using regression trees and neuro-fuzzy systems", Expert Systems with Applications, vol. 36, pp. 378-387, 2009.
[TSE 99]	TSE P., ATHERTON D., "Prediction of machine deterioration using vibration

[UCK 08]   based fault trends and recurrent neural networks", Transactions of the ASME: Journal of Vibration and Acoustics, vol. 121, pp. 355-362, 1999.

[UCK 08] UCKUN S., GOEBEL K., LUCAS P., "Standardizing research methods for prognostics", PHM International Conference on, pp. 1-10, 2008.

[VÉR 01] VÉROT Y., "Retour d'expérience dans les industries de procédé", Techniques de l'ingénieur, AG4610, 2001

[VAC 06] VACHTSEVANOS G., LEWIS F. L., ROEMER M. et al., Intelligent Fault Diagnosis and Prognosis for Engineering Systems, John Wiley & Sons, New Jersey, Hoboken, 2006.

[VAN 09] VAN NOORTWIJK J., "A survey of the application of gamma processes in maintenance", Reliability Engineering & System Safety, vol. 94, no. 1, pp. 2-21, 2009.

[VEN 05] VENKATASUBRAMANIAN V., "Prognostic and diagnostic monitoring of complex systems for product lifecycle management: challenges and opportunities", Computers & Chemical Engineering, vol. 29, no. 6, pp. 1253-1263, 2005.

[VILL 88] VILLEMEUR A., Sûreté de Fonctionnement des systémes industriels, Eyrolles, 1988.

[VIT 67] VITERBI A., "Error bounds for convolutional codes and an asymptotically optimal decoding algorithm", IEEE Transaction on Information Theory, vol. 13, pp. 260-269, 1967.

[WAN 96] WANG W., MCFADDEN P., "Application of wavelets to gearbox vibration signal for fault detection", Journal of Sound and Vibration, vol. 192, no. 5, pp. 927-939, 1996.

[WAN 99] WANG L., KOBLINSKY C., HOWDEN S. et al., "Inter annual variability in the South China sea from expendable bathythermograph data", Journal of Geophysical Research, vol. 104, no. 10, pp. 23509-23523, 1999.

[WAN 01] WANG P., VACHTSEVANOS G., "Fault prognostic using dynamic wavelet neural networks", Artificial Intelligence for Engineering Design Analysis and Manufacturing, vol. 15, no. 4, pp. 349-365, 2001.

[WAN 04] WANG W. Q., GOLNARAGHI M. F., ISMAIL F., "Prognosis of machine health condition using neuro-fuzzy systems", Mechanical Systems and Signal Processing, vol. 18, no. 4, pp. 813-831, 2004.

[WAN 07] WANG W., "An adaptive predictor for dynamic system forecasting", Mechanical Systems and Signal Processing, vol. 21, no. 2, pp. 809-823, 2007.

[WAN 08] WANG W., GELDER P. V., VRIJLING J. K., "Measuring predictability of daily streamflow processes based on univariate time series model", iEMSs, vol. 16, pp. 3474-3478, 2008.

[WAN 10] WANG T., Trajectory similarity based prediction for remaining useful life estimation, PhD Thesis, University of Cincinnati, 2010.

[WAN 12] WANG T., "Bearing life prediction based on vibration signals: a case study and lessons learned", 2012 IEEE Conference on Prognostics and Health Management, 2012.

[WAR 05] WARREN LIAO T., "Clustering of time series data-a survey", Pattern Recognition, vol. 38, no. 11, pp. 1857-1874, 2005.

[WU 99] WU M. L., SCHUBERT S., HUANG N. E., "The development of the south Asian summer monsoon and the intraseasonal oscillation", Journal of Climate, vol. 12, no. 7, pp. 2054-2075, 1999.

[WU 07] WU W., HU J., ZHANG J., "Prognostics of machine health condition using an improved ARIMA-based prediction method", 2nd IEEE Conference on Industrial Electronics and Applications, ICIEA, pp. 1062-1067, 2007.

[YAM 01] YAM R., TSE P., LI L. et al., "Intelligent predictive decision support system for condition-based maintenance", The International Journal of Advanced Manufacturing Technology, vol. 17, no. 5, pp. 383-391, 2001.

[YAM 94] YAMAKAWA T., UCHINO E., SAMATSU T., "Wavelet neural networks employing over-complete number of compactly supported non-orthogonal wavelets and their applications", IEEE World Congress on Computational Intelligence, vol. 3, pp. 1391-1396, 1994.

[YAN 04] YAN J., KOC M., LEE J., "A prognostic algorithm for machine performance assessment and its application", Production Planning and Control, vol. 76, pp. 796-801, 2004.

[YAN 08] YAN W., QIU H., IYER N., Feature extraction for bearing prognostics and health management (PHM)-a survey (preprint), Technical report, DTIC Document, 2008.

[YAN 09] YAN R., GAO R. X., "Multi-scale enveloping spectrogram for vibration analysis in bearing defect diagnosis", Tribology International, vol. 42, no. 2, pp. 293-302, 2009.

[YEN 99] YEN G., LIN K., "Wavelet packet feature extraction for vibration monitoring", Proceedings of IEEE International Conference on Control Applications, pp. 1573-1578, 1999.

[YU 11] YU J., "A hybrid feature selection scheme and self-organizing map model for machine health assessment", Applied Soft Computing, vol. 11, no. 5, pp. 4041-4054, 2011.

[ZAR 07] ZAREI J., POSHTAN J., "Bearing fault detection using wavelet packet transform of induction motor stator current", Tribology International, vol. 40, no. 5, pp. 763-769, 2007.

[ZEM 10] ZEMOURI R., GOURIVEAU R., ZERHOUNI N., "Improving the prediction accuracy of recurrent neural network by a PID controller", International Journal of Systems Applications, Engineering & Development, vol. 4, no. 2, pp. 19-34, 2010.

[ZHO 06] ZHOU J., LI X., GAN O. P. et al., "Genetic algorithms for feature subset selection in equipment fault diagnosis", Journal of Engineering Asset Management, vol. 10, pp. 1104-1113, 2006.

[ZIO 10a] ZIO E., DI MAIO F., "A data-driven fuzzy approach for predicting the remaining useful life in dynamic failure scenarios of a nuclear system", Reliability Engineering & System Safety, vol. 95, no. 1, pp. 49-57, 2010.

[ZIO 10b] ZIO E., MAIO F. D., STASI M., "A data-driven approach for predicting failure scenarios in nuclear systems", Annals of Nuclear Energy, vol. 37, pp. 482-491, 2010.

[ZIO 11] ZIO E., PELONI G., "Particle filtering prognostic estimation of the remaining useful life of nonlinear components", Reliability Engineering & System Safety, vol. 96, no. 3, pp. 403-409, 2011.

[ZIO 12] ZIO E., "Prognostics and health management of industrial equipment", Diagnostics and Prognostics of Engineering Systems: Methods and Techniques, IGI Global, Chapt 17, pp. 333-356, 2012.

索 引

C, D, E

clustering 聚类
condition based maintenance 基于状态的维修
connectionist networks 连接网络
critical component 关键元件
dependability 可靠性
detection 检测
diagnostic 诊断
dynamic Bayesian networks 动态贝叶斯网络
empirical mode decomposition (EMD) 经验模态分解

F, G, H

feature extraction 特征提取
reduction 降维
selection 选取
fuzzy clustering 模糊聚类
Gaussian 高斯
Gaussian mixture (mixture of Gaussian) 高斯混合
hidden Markov models (HMM) 隐式马尔可夫模型
Hilbert-Huang transform 希尔伯特-黄变换

I, L, N, P, R

identification of parameters 参数辨识
instruments 仪表
learning process 学习阶段
neural networks 神经网络
physical parameters 物理参数
predictive maintenance 预测性维修
principle components analysis 主成分分析
prognostics and health management 故障预测和健康管理
remaining useful life (RUL) 剩余使用寿命

S, T, V, W

subtractive clustering 减法聚类
temperature 温度
vibration 振动
wavelet networks 小波网络
package decomposition (WPD) 包分解